冲击地压概论

简军峰　朱广安　编著

中国矿业大学出版社
·徐州·

内容提要

本书以普及煤矿防治冲击地压知识为宗旨，系统地介绍了冲击地压的基本概念及发生机理、冲击危险性预测和监测预警技术。同时结合《煤矿安全规程》《防治煤矿冲击地压细则》以及其他有关国家、行业标准，简要介绍了当前常用的区域、局部防冲技术和安全防护措施，展望了冲击地压矿井复合灾害协同治理的方向。

本书可供普通高等学校采矿工程专业和安全工程专业教学参考使用，也可作为煤炭行业管理人员、煤矿生产工程技术人员以及从事防治冲击地压工作人员的培训教材和参考资料。

图书在版编目(CIP)数据

冲击地压概论/简军峰，朱广安编著. —徐州：
中国矿业大学出版社，2021.11

ISBN 978-7-5646-5107-7

Ⅰ. ①冲… Ⅱ. ①简… ②朱… Ⅲ. ①煤矿—冲击地压—教材 Ⅳ. ①TD324

中国版本图书馆CIP数据核字(2021)第167501号

书　　名　冲击地压概论
编　　著　简军峰　朱广安
责任编辑　黄本斌
出版发行　中国矿业大学出版社有限责任公司
（江苏省徐州市解放南路　邮编221008）
营销热线　(0516)83884103　83885105
出版服务　(0516)83995789　83884920
网　　址　http://www.cumtp.com　**E-mail**:cumtpvip@cumtp.com
印　　刷　江苏苏中印刷有限公司
开　　本　787 mm×1092 mm　1/16　**印张** 10.25　**字数** 173千字
版次印次　2021年11月第1版　2021年11月第1次印刷
定　　价　40.00元
（图书出现印装质量问题，本社负责调换）

前　言

我国《煤炭工业发展“十三五”规划》明确指出，作为能源主体的煤炭工业产业布局总体方向是压缩东部、限制中部和东北、优化西部。在规划实施过程中，煤矿新建项目向西部转移，东部煤矿开采向深部转移。处于煤炭赋存条件最为优越的陕西省北部和内蒙古自治区西部，在新矿井开发建设中，除不同程度地存在常规的五大灾害以外，又遇到了新的问题——冲击地压。东部地区随着开采深度的不断加大，冲击地压发生的频次明显增加，其中山东省最为典型，冲击地压已经成为煤矿当前和今后又一主要灾害。

2016年，国家安全生产监督管理总局、国家煤矿安全监察局修订了《煤矿安全规程》，将“防治冲击地压”的条文由2011版的10条修订为2016版的21条。针对个别煤矿将冲击地压定义为“强矿压”，回避冲击地压问题，原国家煤矿安全监察局又组织制定了《防治煤矿冲击地压细则》，从防治技术与防治管理两方面进行细化，解释说明，侧重于防治冲击地压工作的系统性和规范性。近年来，国家市场监督管理总局、国家标准化管理委员会陆续发布《冲击地压测定、监测与防治方法》系列国家标准，冲击倾向性鉴定、冲击危险性预测、冲击地压监测预警、卸压解危等更加规范。

特别是山东龙郓煤业有限公司“10·20”重大冲击地压事故发生后，习近平总书记等中央领导同志专门批示，应急管理部、国家矿山安全监察局全面部署，科研院所积极参与，企业迅速行动，我国的煤矿冲击地压研究团队不断壮大，防治工作日益规范。冲击地压发生机理、监测技术与装备、防治技术与装备的研究与应用均取得了重大进步，初步形成了冲击地压理论与防治技术体系。

为了系统地普及冲击地压基础知识，满足基层培训以及工程技术人员和管理人员参考需要，作者总结多年来积累的工作经验而撰写成本书。

本书在编写过程中，以防治冲击地压知识的系统性为主线，以《煤矿安全规程》《防治煤矿冲击地压细则》以及冲击地压相关规范性文件为基础，参考大量文献资料，既保留了已经成熟的理论和技术体系，又尽可能地利用和挖掘最新的冲击地压理论、监测预警技术和防治方法，以传播基础理论知识为主，适当阐述典型应用案例，做到理论与实践相结合。

全书共分六章。第一章综述了煤矿冲击地压的基本概念、发生机理及其影响因素。第二章介绍了冲击倾向性鉴定标准和冲击危险性评价方法。第三章介绍了冲击地压监测预警技术，主要阐述了监测技术原理、监测系统组成、冲击危险性判定指标和系统井下布置实例。包括微震监测、地音监测、电磁辐射监测、钻屑法监测、采动应力监测和弹性震动波 CT 透视监测等。第四章介绍了防治冲击地压措施，主要阐述了卸压原理、卸压措施参数及布置、施工工艺和安全措施。包括防冲设计、钻孔卸压、煤层爆破卸压、顶板深孔爆破卸压、煤层注水卸压和顶板水压致裂卸压等。第五章介绍了冲击地压安全防护，主要阐述了巷道防冲支护设计原理及对策、冲击地压危险预警、冲击地压防范及防护措施。第六章介绍了冲击地压矿井复合灾害的协同治理，包括复合灾害协同治理研究现状、协同治理方案探索、工程实践及展望。

本书在编写过程中参考了诸多学者公开发表的相关科技文献，特向文献作者表示衷心感谢！冲击地压机理复杂，涉及的知识面较广，防治技术水平也在不断提升，加之作者水平所限，书中难免存在疏漏之处，恳请广大读者批评指正。

作　者

2021 年 3 月

目 录

第一章　煤矿冲击地压概述

第一节　煤矿冲击地压的基本概念

煤矿冲击地压是一种典型的井工煤矿动力灾害，非煤矿山或其他岩土工程称之为“岩爆”。

世界上几乎所有开采的井工煤矿都不同程度地受到冲击地压威胁。1738年，英国南史塔福煤田的莱比锡煤矿发生了有记录以来的第一次冲击地压，此后在苏联、波兰、南非、德国、美国、加拿大等几十个国家和地区的煤矿相继发生了冲击地压。

我国最早记录的冲击地压发生在1933年抚顺矿区的胜利煤矿，随后，北京、开滦、兖州、义马、鹤岗、华亭等100多个矿区(井)，都发生过冲击地压，涉及20多个省(区)。2005年2月14日，阜新矿业(集团)有限责任公司孙家湾煤矿海州立井发生一起由于冲击地压诱发的特别重大瓦斯爆炸事故，造成214人死亡，30人受伤。2018年10月20日，山东龙郓煤业有限公司1303工作面泄水巷及3号联络巷发生重大冲击地压事故，造成21人死亡，4人受伤。随着我国煤矿开采深度的增加，冲击地压的频次越来越多，危害也越来越大。截至2020年年底，全国冲击地压矿井涉及13个省，数量达138处。

一、冲击地压概念

(一) 基本概念

冲击地压是指煤矿井巷或工作面周围煤岩体由于弹性变形能的瞬时释放而产生的突然、剧烈破坏的动力现象，常伴有煤岩体瞬间位移、抛出、巨响及气浪等。

冲击地压发生的实质就是煤岩体积聚的弹性能突然、剧烈释放的过程。除冲击地压本身造成采掘空间破坏、设备损坏、人员伤亡外，还可能引发其他矿井灾害，如瓦斯爆炸、煤尘爆炸、火灾、水灾等，严重时还可能产生类似天然地震的灾害，造成地面震动和建筑物损坏，给煤矿安全造成巨大威胁。图 1-1 是典型的冲击地压事故引发的巷道和采煤工作面现场破坏图。

(a) 巷道冲击　　(b) 工作面冲击

图 1-1　冲击地压事故现场破坏图

冲击倾向性是指煤体具有积聚变形能并产生冲击破坏的性质，是反映煤岩体材料产生冲击破坏能力的一种固有属性。它是在有条件的实验室，按照《冲击地压测定、监测与防治方法 第 2 部分：煤的冲击倾向性分类及指数的测定方法》(GB/T 25217.2—2010)测试得出的结果。

冲击危险性是指煤矿在当前生产、地质和管理条件下，开采区域发生冲击地压的一种可能性。它是基于开采区域的地质与开采技术条件评价得出的结果。

冲击地压煤层是指在矿井井田范围内发生过冲击地压现象的煤层(或者其顶底板岩层)，或者经鉴定具有冲击倾向性且经评价具有冲击危险性的煤层(或者其顶底板岩层)。

严重冲击地压煤层是指煤层(或者其顶底板岩层)具有强冲击倾向性且经评价具有强冲击地压危险性的煤层。

冲击地压矿井是指有冲击地压煤层的矿井。

严重冲击地压矿井是指有严重冲击地压煤层的矿井。

(二) 冲击地压特征

(1) 突发性。冲击地压发生前一般没有明显的宏观前兆，部分事故可能有矿震、声响等短时前兆，冲击过程突然且迅疾，持续时间几秒到几十秒，难以提前准确预测发生的时间、地点和强度。

(2) 震动性。冲击地压发生时，产生巨大的声响和强烈的震动，震动波及范围可达几千米甚至更远，地面有时有震感。

(3) 破坏性。冲击地压发生时，大量煤体突然破碎并从煤壁抛出，堵塞巷道，破坏支架，同时可能产生强烈的冲击波，造成人员伤亡或财产损失。

(4) 复杂性。在自然地质条件上，开采深度从200 m到1 000 m，地质构造从简单到复杂，煤层从薄层到特厚层、从水平到急倾斜，顶板包括砂岩、灰岩、油母页岩等，都发生过冲击地压。在生产技术条件上，长壁式、短壁式或是房柱式采煤方法，炮采、普通机械化采煤、综合机械化采煤或是综采放顶煤采煤工艺，全部垮落法或水力充填法管理顶板，分层开采或是整层开采等都发生过冲击地压。

二、冲击地压分类

目前，国际上还没有统一的冲击地压分类方法，我国主要有以下几种分类方法。

(一) 按煤岩体应力状态不同分类

(1) 重力型：主要受上覆煤岩层自重应力作用，没有或只有较小的构造应力影响而引发的冲击地压。

(2) 构造型：主要受构造应力作用(构造应力远远大于岩层自重应力)而引发的冲击地压。常见的地质构造为断层、褶皱等。

(3) 中间型：重力和构造应力共同作用引发的冲击地压。

(二) 按诱发冲击地压的能量来源不同分类

(1) 煤体压缩型：主要是由于煤体压缩失稳而产生，包括重力引起的和水平构造应力引起的两种冲击地压，多发生在厚煤层开采的采煤工作面和巷道中。

(2) 顶板断裂型：主要是由于顶板岩石拉伸失稳而引发的冲击地压。多发生于工作面顶板为厚层、坚硬、致密且完整，采空区大面积悬顶的部位。

(3) 断层错动型：主要是由于断层围岩体剪切失稳而引发的冲击地压。多发生于受采动影响引发断层突然破裂或错动的部位。

(三) 按冲击地压发生的震源和显现地点分类

(1) 构造型冲击地压：由构造活动引发的冲击地压。

(2) 采矿型冲击地压：由采矿活动引发的冲击地压。

采矿型冲击地压又可分为：

① 压力型(煤柱型)：由于巷道周围煤体中的压力由亚稳态增加至极

限值，聚集的能量突然释放引发的冲击地压。

② 动力型(围岩型)：由于煤层顶底板厚硬岩层突然破断或位移引发的冲击地压。

③ 复合型：复合型冲击地压介于上述两者之间，当煤层受较大压力时，来自围岩内的动力脉冲引发的冲击地压。

第二节　冲击地压发生机理

煤岩体的破坏分为稳定破坏(缓慢破坏)和失稳破坏(突变破坏)，常见的井下巷道围岩变形破坏、顶板垮落等地压现象一般均是由煤岩体的稳定破坏引起的，当煤岩体发生大规模失稳破坏时才是冲击地压现象。

一、冲击地压理论

目前有多种冲击地压理论，包括强度理论、刚度理论、能量理论、冲击倾向性理论、三准则理论、变形系统失稳理论和突变理论等，以上经典冲击地压理论各有其适用条件及局限性。目前应用较多的是根据以下 3 个理论判断冲击地压是否发生，即强度理论、能量理论和冲击倾向性理论。

(一) 强度理论

强度理论认为导致煤岩体破坏的决定因素不仅是应力大小，而且是煤体与岩体强度的比值。

煤岩体破坏的原因和规律，实际上是强度原因，即煤岩体受载超过其强度极限时，必然会发生破坏。这仅是对煤岩体破坏的一般规律的认识，不能深入解释冲击地压的真实机理。在强度理论指导下，诸多学者在围岩体内形成应力集中的程度及其强度等方面做了大量研究工作。从 20 世纪 50 年代起，这种理论基于“矿体—围岩”力学系统的极限平衡条件进行分析和推断，其中具有代表性的是夹持煤体理论。该理论认为，较坚硬的顶底板可将煤体夹紧，煤体夹持阻碍了深部煤体自身或“煤体—围岩”交界处的卸载变形。这种阻抗作用意味着，平行于层面的侧向力(摩擦阻力和侧向阻力)阻碍了煤体沿层面的卸载移动，使煤体压得更实，承载的压力更高，积蓄的弹性能更大。从极限平衡和弹性能释放的意义上来看，夹持起了闭锁作用。因此，在煤体夹持带所产生的力学效应是高压力并储存更高的弹性能，高压带和弹性能积聚区基本位于煤壁附近。一旦高应力再突然加大或系统阻力突然减小，煤岩体就可能发生突然破坏和运动，抛向采掘空间，形成冲击地压。

（二）能量理论

20 世纪 50 年代末期，苏联学者 C. Г. 阿维尔申以及 60 年代中期英国学者库克等提出，矿体与围岩系统的力学平衡状态被破坏后释放的能量大于消耗的能量时，就会发生冲击地压。这一观点阐明了矿体与围岩的能量转换关系、煤岩体急剧破坏的原因等问题。在刚性压力机上获得了岩石的全应力应变曲线，揭示出非刚性压力机与试件系统的不稳定性，即试件在峰值强度附近发生突然破坏现象。1972 年，布莱克把它推广为发生冲击地压的条件，认为矿山结构（矿体）的刚度大于矿山负荷系统（围岩）的刚度是发生冲击地压的条件，称为刚度理论。实际上，它是考虑系统内所储存的能量和消耗于破坏、运动等能量的一种能量理论，但这种理论未能得到充分证实，即在围岩刚度大于煤体刚度的条件下仍然发生了冲击地压。

（三）冲击倾向性理论

冲击倾向性理论认为煤岩体介质产生冲击破坏的固有属性是发生冲击地压的必要条件。

煤岩介质产生冲击破坏的能力称为冲击倾向性，换句话说，冲击倾向性就是发生冲击的可能程度，它是煤岩体介质的一种固有属性。这种可能程度可通过试验或实测进行估计或预测。主要指标有动态破坏时间、弹性能量指数、冲击能量指数和单轴抗压强度。

上述三种理论的成因和机理可用下列准则的表达式来表示。

强度准则：

$$\frac{\sum_{i=1}^{n}\sigma_i}{R} \geqslant 1 \tag{1-1}$$

能量准则：

$$\frac{\alpha\left(\dfrac{\mathrm{d}U_{\mathrm{E}}}{\mathrm{d}t}\right)+\beta\left(\dfrac{\mathrm{d}U_{\mathrm{s}}}{\mathrm{d}t}\right)}{\dfrac{\mathrm{d}U_{\mathrm{P}}}{\mathrm{d}t}} \geqslant 1 \tag{1-2}$$

冲击准则：

$$\frac{K}{K^{*}} \geqslant 1 \tag{1-3}$$

式中 σ_i——包括自重应力、构造应力、因开采引起的附加应力、煤体与围岩交界处的应力和其他条件（如瓦斯、水和温度等）引起的应力；

R——煤体与围岩的系统强度；

U_E——围岩系统储存的弹性能；

U_s——煤体储存的弹性能；

U_P——消耗于克服煤体与围岩边界处和煤体破坏等阻力的能量；

$\frac{dU_E}{dt},\frac{dU_s}{dt}$——围岩系统、煤体内的能量释放速度；

$\frac{dU_P}{dt}$——克服围岩边界阻力和煤体破坏时吸收能量的速度；

α,β——围岩系统、煤体内能量释放的有效系数；

K——煤体(围岩)的冲击倾向度指标；

K^*——试验(实测)确定的冲击倾向度界限值。

式中第一个准则是煤岩体的破坏准则,第二个和第三个准则是突然破坏准则。有学者认为,可把这两者视为必要条件和充分条件,即三个准则同时满足时,才有可能发生冲击地压。

二、煤岩动静载叠加诱冲原理

冲击地压影响因素众多、发生机理复杂,还需要进一步研究。近年来有代表性的研究成果是煤岩动静载叠加诱冲原理。

冲击地压的发生需满足能量准则,即煤体—围岩系统在其力学平衡状态破坏时所释放的能量大于煤岩破坏所消耗的能量,可用下式表示：

$$\frac{dU}{dt}=\frac{dU_R}{dt}+\frac{dU_C}{dt}+\frac{dU_S}{dt}>\frac{dU_b}{dt} \tag{1-4}$$

式中　U_R——围岩中储存的能量；

U_C——煤体中储存的能量；

U_S——矿震能量；

U_b——冲击地压发生时消耗的能量。

煤岩体中储存的能量和矿震能量之和可用下式表示：

$$U=\frac{(\sigma_j+\sigma_d)^2}{2E} \tag{1-5}$$

式中　σ_j——煤岩体中的静载荷；

σ_d——矿震形成的动载荷。

冲击地压发生时消耗的最小能量可用下式表示：

$$U_{bmin}=\frac{\sigma_{bmin}^2}{2E} \tag{1-6}$$

式中　σ_{bmin}——发生冲击地压时的最小应力。

因此，冲击地压的发生需满足如下条件：

$$\sigma_j + \sigma_d \geqslant \sigma_{bmin} \tag{1-7}$$

即采掘空间周围煤岩体中的静载荷与矿震形成的动载荷叠加，超过煤岩体被破坏所需的最小载荷和最小能量时，就发生冲击地压灾害，这就是冲击地压发生的“动静载叠加诱冲原理”，如图 1-2 所示。

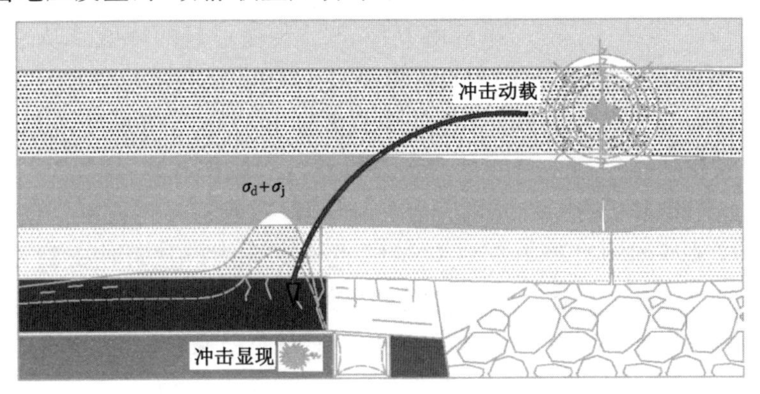

图 1-2　冲击地压的“动静载叠加诱冲原理”示意图

（一）静载荷

一般情况下，采掘空间周围煤岩体中的静载荷由地压（σ_{j1}）和支承压力（σ_{j2}）组成，即：

$$\sigma_j = \sigma_{j1} + \sigma_{j2} = (k + \lambda)\gamma h \tag{1-8}$$

式中　γ——上覆岩层的容重；

h——上覆岩层的厚度；

λ——水平应力系数；

k——支承压力集中系数。

地压由自重应力和构造应力组成，可表示为：

$$\sigma_{j1} = \gamma h + \lambda\gamma h = (1 + \lambda)\gamma h \tag{1-9}$$

支承压力则可表示为：

$$\sigma_{j2} = (k - 1)\gamma h \tag{1-10}$$

（二）动载荷

矿井开采中产生的动载荷主要来源于开采活动、煤岩体对开采活动的应力响应等，具体表现为采煤机割煤、移架、机械震动、爆破、顶底板破断、煤体失稳、瓦斯突出、煤炮、断层滑移等。

假设矿井煤岩体为三维弹性各向同性连续介质，则应力波在煤岩体中产生的动载荷可表示为：

$$\begin{cases}\sigma_{dP} = \rho v_P (v_{pp})_P \\ \sigma_{dS} = \rho v_S (v_{pp})_S\end{cases} \tag{1-11}$$

式中 σ_{dP}，σ_{dS}——P 波、S 波产生的动载荷（P 波为纵波，S 波为横波）；

ρ——煤岩介质密度；

v_P，v_S——P 波、S 波传播的速度；

$(v_{pp})_P$，$(v_{pp})_S$——质点由 P 波、S 波传播引起的峰值震动速度。

（三）动静载叠加冲击破坏机理

矿震动载传递至煤体后，将与静载叠加共同作用诱发冲击地压。动载与静载叠加作用产生煤岩体冲击主要有以下两种方式：

（1）巷道或采场围岩原岩应力本身比较高，巷道开挖或工作面回采导致巷道或采场周边高应力进一步集中，此时的应力已接近冲击临界值，远场矿震（动载）产生的微小应力增量便可使动静载组合应力超过煤岩体发生冲击的临界应力，从而导致煤岩体发展为冲击破坏。这里的矿震（动载）产生的动应力扰动在煤岩体破坏中主要起诱发作用。

（2）巷道或采场围岩原岩应力不是很高，但远场矿震（动载）源释放的能量却很大，震源传至煤体的瞬间动应力增量很大，巷道或采场周边静态应力与动态应力叠加超过煤体冲击的临界应力，导致煤岩体突然动态冲击破坏。此时的矿震（动载）的瞬间动态扰动在冲击破坏过程中起主导作用。

从能量角度考虑，传播至工作面的震动波能量以动态能 $E_z^{(d)}$ 的方式作用于"顶板—煤体—底板"系统，并与静态能量 $E_z^{(s)}$ 进行标量形式的叠加。动态能 $E_z^{(d)}$ 的大小受矿震震源能量大小和能量辐射方式、震源至工作面传播距离、岩体介质吸收能力等因素综合决定。$E_z^{(d)}$ 和 $E_z^{(s)}$ 能量叠加后（即 $E = E_z^{(d)} + E_z^{(s)}$），赋予煤岩系统聚集更多弹性能，更容易达到煤体冲击失稳的能量条件。

煤体上覆岩层破断释放的震动能量越大，瞬间产生的动载荷强度越大。与能量的标量叠加不同，岩层破断产生的动载荷 p_d 与煤岩系统原有静载荷 p_z 以矢量形式进行叠加，即：

$$\boldsymbol{p} = \boldsymbol{p}_z + \boldsymbol{p}_d \tag{1-12}$$

应力叠加的结果使煤体应力发生振荡性变化，其加载作用使煤岩系统的应力进一步增大，卸载作用使煤岩体的弹性能释放和内部产生惯性运动。若煤岩系统的原有静载荷较大，叠加较小的动载荷就可能导致应力峰值超过煤体冲击破坏的临界应力水平，诱发冲击破坏。反之，若煤岩系统的原有静载荷较小，则需较大动载荷才能诱发煤体冲击破坏。同时，叠加后的应力峰值越高，越容易达到冲击失稳条件。

第三节　冲击地压影响因素

影响冲击地压的因素分为自然地质因素、开采技术因素和组织管理因素三类。

自然地质因素中最基本的因素是原岩应力，其主要由岩体的重力和构造残余应力组成。井巷周围岩体的应力主要由开采深度决定，而构造残余应力一般出现在褶曲和断层附近。煤岩的冲击倾向性和顶底板岩层结构也是影响冲击地压的重要因素。

开采技术因素中主要是开采引起的局部应力集中和采动应力等。一方面是开采系统设计不合理或不完善，或在坚硬顶板条件下开采导致大面积悬顶，造成较大的应力集中。另一方面是开采历史可能造成的应力集中，如煤柱停采线造成的应力集中传递到邻近的煤层等。同时，生产的集中化程度对冲击地压的影响也较大。

组织管理因素中主要是防治冲击地压机构、防治冲击地压队伍、防治冲击地压制度、防治冲击地压措施和防治冲击地压投入等。其中生产管理制度对冲击地压的发生也至关重要，如管理制度不到位、设备摆放不规范等，冲击地压产生的强烈震动，可能伤及人员和损坏设备等。

一、自然地质因素对冲击地压的影响

（一）开采深度

随着煤矿开采深度的增加，煤层中的上覆岩层自重应力随之增大，煤岩体中聚积的弹性能也随之增大。统计表明，开采深度越大，发生冲击地压的可能性也越大。开采深度与冲击地压发生次数的关系如图1-3所示[横坐标为开采深度 H，纵坐标为冲击指数 W_t（即开采百万吨煤炭的冲击地压次数）]。由图可见，开采深度与冲击地压发生的概率成正相关，考虑到安全界限，可以认为，开采深度 $H \leqslant 350$ m时，冲击地压发生的概率较低；开采深度达到 $350\ \text{m} < H \leqslant 500$ m时，冲击地压的概率将逐渐增大；从500 m开始，随着开采深度的增加，冲击地压的危险性急剧增加。当开采深度为800 m时，冲击指数（$W_t = 0.57$）比在开采深度为500 m时的冲击指数（$W_t = 0.04$）增大了约13倍，当开采深度继续增大时（如1 200～

1 500 m)，冲击指数增长梯度将会减小，但其值还是非常高。根据资料统计，我国煤矿发生冲击地压的最小临界深度为 200～540 m，平均为 380 m。

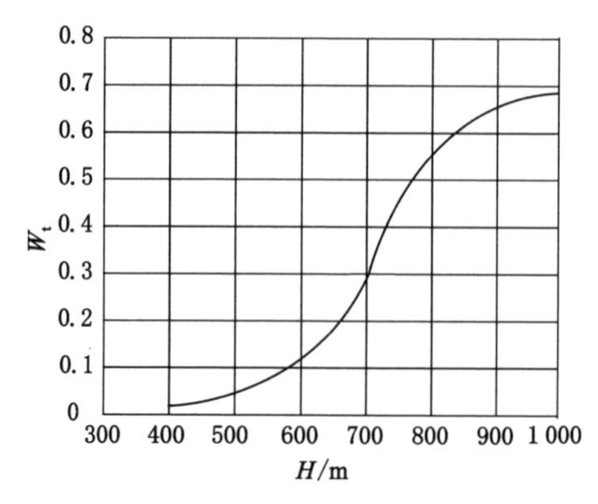

图 1-3　开采深度与发生冲击地压的关系

为分析开采深度的影响，考虑围岩系统中煤层内所积聚的弹性能情况，理论上讲，煤层在开采深度为 H 且无采动影响的三向应力状态下，其应力为：

$$\sigma_1 = \gamma H \tag{1-13}$$

$$\sigma_2 = \sigma_3 = \frac{\mu}{1-\mu}\gamma H \tag{1-14}$$

式中　σ_1——垂直应力；

σ_2, σ_3——水平应力；

μ——泊松比；

γ——岩层容重；

H——开采深度。

则煤体中的体积变形聚积的弹性能为：

$$U_V = \frac{(1-2\mu)(1+\mu)^2}{6E(1-\mu)^2}\gamma^2 H^2 \tag{1-15}$$

形状变形聚积的弹性能为：

$$U_f = \frac{(1+\mu)(1-2\mu)^2}{3E(1+\mu)^2}\gamma^2 H^2 \tag{1-16}$$

式中　E——煤体弹性模量。

若煤层中的形变能全部用于煤体的塑性变形，体变能全部用于破坏煤和使其运动，则：

$$U_{\mathrm{V}} = \frac{c}{6E}\gamma^2 H^2 \tag{1-17}$$

其中 $$c = \frac{(1-2\mu)(1+\mu)^2}{(1-\mu)^2}$$

设煤的单轴抗压强度为 R_c，则破碎单位体积煤块所需能量 U_1 为：

$$U_1 = \frac{R_c{}^2}{2E} \tag{1-18}$$

假设巷道周边煤体处于双向受力状态，则所需能量比 U_1 要大，用系数 K_0（$K_0>1$）来表示，则破碎单位体积煤块的能量 U_2 为：

$$U_2 = K_0 \frac{R_c^2}{2E} \tag{1-19}$$

若 $U_1 \geqslant U_2$，就可能发生冲击地压，这样就可求得发生冲击地压的初始开采深度 H 为：

$$H \geqslant 1.73 \frac{R_c}{\gamma}\sqrt{\frac{K_0}{c}} \tag{1-20}$$

（二）顶板岩层结构特征

煤层内的弹性能可由体变弹性能 U_v、形变弹性能 U_f 和顶板弯曲弹性能 U_w 三部分组成，即：

$$U = U_v + U_f + U_w \tag{1-21}$$

其中顶板弯曲弹性能 U_w 为：

$$U_w = \frac{1}{2}M\varphi \tag{1-22}$$

式中 M——煤壁上方顶板岩层的弯矩；

φ——顶板岩层弯曲下沉的转角。

顶板初次垮落期间，$M=\frac{1}{12}qL^2$，$\varphi=\frac{qL^3}{24E_{岩}\ I}$。由此，相应地可得到顶板初次垮落期间的弯曲弹性能为：

$$U_w = \frac{q^2L^5}{576E_{岩}\ I} \tag{1-23}$$

式中 q——顶板及上覆岩层附加的单位长度载荷；

L——顶板跨距（悬顶）；

$E_{岩}$——顶板岩层弹性模量；

I——顶板岩层断截面的惯性矩，$I=\frac{h'^3}{12}$；

h'——顶板岩层厚度。

顶板周期垮落期间，$M=\frac{1}{2}qL^2$，$\varphi=\frac{qL^3}{2E_{岩}I}$。由此，相应地可得到顶板周期垮落期间的弯曲弹性能为：

$$U_w=\frac{q^2L^5}{8E_{岩}I} \tag{1-24}$$

由上式可以看出，顶板弯曲弹性能 U_w 与岩层悬伸长度的五次方成正比，即顶板跨距（悬顶）L 值越大，积聚的能量就越多。一般情况下，厚度越大的坚硬岩层越不易垮落，形成的跨距（悬顶）值也就越大，特别是煤层上方 100 m 范围内厚度大的坚硬顶板岩层发生冲击地压的可能性更大。

（三）地质构造

地层的运动形成各种各样的地质构造，如断层、褶曲、背向斜、煤层厚度变化带和岩性变化带等。在这些构造区附近，构造应力场使煤岩体的构造应力尤其是水平构造应力增加，常常导致发生冲击地压。

1. 断层对冲击地压的影响

岩体与其他材料的最大区别是岩体中存在各种尺度的不连续面，如节理、裂隙、断层等。在岩体稳定性分析和构造稳定性评价中，首先应考虑这些不连续面。

活断层实际上就是现今地应力场中应力集中程度较高的断裂带，它的持续活动又将导致其附近区域应力重新平衡，所以在活断层或活动断块的特定部位，往往形成很高的局部构造应力集中区，构造应力集中的结果使断裂带产生新的活动。断裂的活动反过来又影响断裂周围区域的应力场，一般情况下，应力高的区域容易聚积弹性能，更容易发生冲击地压。因此，分析和确定断层附近的应力分布和集中程度的大小，对研究冲击地压有着非常重要的意义。

断层对冲击地压的影响是多方面的，主要表现为：

（1）工作面由断层下盘向断层推进时，当工作面距断层小于 40 m 时，工作面支承压力逐渐增加，断层结构面对支承压力有明显的影响。而当工作面由断层上盘向断层推进时，工作面支承压力保持不变，但是在断层的下盘形成了应力集中，并且应力集中会随着工作面的推进而不断增加。

（2）当工作面由断层下盘向断层推进时，顶板下沉量迅速增加，下沉加速，顶板运动加剧，易诱发顶板型冲击地压。当工作面由断层上盘向断层推进时，顶板下沉量较小，顶板运动较为平缓。

（3）当工作面由断层下盘向断层推进时，开采引起断层面正应力减小，剪应力增加，断层滑移量急剧增大，导致断层滑移失稳。而当工作面由断层上盘向断层推进时，断层面正应力增大，剪应力下降，断层滑移量较小，断层围岩系统处于稳定状态。

(4) 断层倾角对断层冲击危险性的影响。工作面由断层下盘向断层推进时，在断层倾角较小的情况下，煤体应力峰值随着断层倾角的增大而增大，当断层倾角达到 75°时，应力峰值达到最大值。之后，随着断层倾角的增大，应力峰值减小。工作面由断层上盘向断层推进时，煤体应力峰值总体上随着断层倾角的增大而增大。

(5) 断层强度对断层冲击危险性的影响。无论工作面由断层下盘还是断层上盘向断层推进，在断层强度较弱的情况下，煤体应力峰值随着断层强度的增大而增大，当断层剪切刚度达到 15 MPa 时，应力峰值达到最大值。之后，随着断层强度的增大，应力峰值减小。

(6) 当工作面由正断层下盘向断层推进时，冲击危险性远高于工作面由正断层上盘向断层推进。

2. 褶曲对冲击地压的影响

褶曲是由原先水平的岩层在水平应力的挤压作用下发生弯曲变形形成的，褶曲不同部位的应力分布是不同的，如图 1-4 所示。

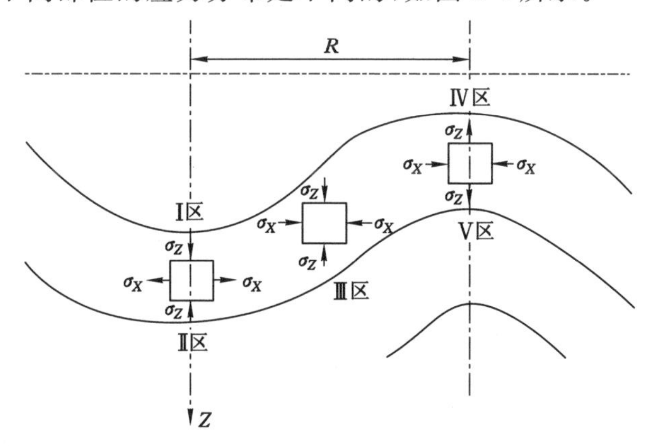

图 1-4　褶曲不同区域的受力状态

根据褶曲的形成机制，可将褶曲各部位的受力状态分为 5 个区：Ⅰ区(向斜内弧)铅直方向受拉，水平方向受压，采掘工程布置在该区域时容易发生片帮；Ⅱ区(向斜外弧)铅直方向受压，水平方向受拉，采掘工程布置在该区域时易发生冒顶和冲击地压；Ⅲ区(褶曲翼部)水平、铅直方向均受压，采掘工程布置在该区域时易发生冲击地压；Ⅳ区(背斜外弧)的受力状态同Ⅱ区，Ⅴ区(背斜内弧)的受力状态同Ⅰ区；褶曲翼部受到强剪作用，采掘工程布置在该区域时易发生剪切失稳。另外，由于褶曲是受水平挤压形成的，褶曲区岩体内部存有残余应力和弹性能，弹性能释放也是褶曲诱发冲击地压的重要原因之一。

(1) 在单层褶曲的不同部位，水平应力的分布不同，最大水平应力是压应力，主要集中在褶曲向斜、背斜内弧的波谷和波峰部位，而在褶曲向斜、背斜外弧的波谷和波峰部位则呈现拉应力集中。从褶曲向斜内弧往背斜方向看，最大水平应力值逐渐减小，即褶曲核部的最大水平应力比翼部大(翼部主要也是压应力)，翼部的最大水平应力比背斜处大。

(2) 多层褶曲在水平应力分布上，最大水平应力集中在坚硬岩层中，夹在坚硬岩层中间的较软岩层应力相对较低。中间软层背斜和向斜部位都是压应力，且向斜核部应力比翼部应力大，翼部应力比背斜处应力大。

(3) 自褶曲背斜轴部工作面俯采推进，与自褶曲向斜轴部工作面仰采推进距轴部相同距离时，工作面前方煤层内的应力场特征是不一样的，前者支承压力集中系数均比后者大，而水平应力集中系数开始时前者小，而后逐渐大于后者；两者峰值距离开始时相差不大，随着工作面开采距轴部越近，前者逐渐小于后者。

(4) 褶曲不同部位布置单工作面开采，其两侧的应力分布状态不同，靠近褶曲向斜的一侧应力集中程度大于工作面靠近褶曲背斜的一侧，而且峰值距离是前者小于后者。另外，随着工作面位置越接近褶曲向斜，其靠近褶曲向斜一侧的煤体内应力集中程度越高。

(5) 不同开采顺序对应力场分布也有着很大影响。先开采位于褶曲向斜附近的工作面，再开采位于翼部的工作面，前者内侧的(靠近褶曲向斜的一侧)水平应力和垂直应力均有不同程度的降低。而先开采位于褶曲翼部的工作面，再开采位于向斜附近的工作面，后者内侧的应力集中程度更高。

(四) 煤层厚度变化

厚煤层较易发生冲击地压，但煤层厚度的变化对冲击地压的影响往往比厚度本身更大。在厚度突然变薄或变厚处，支承压力往往增大，如图 1-5 所示。煤层厚度局部变薄时，在煤层较薄部分，垂直应力增加。煤层厚度局部变厚时，在煤层较厚的部分，垂直应力减小，而在两侧的正常厚度部分，垂直地应力会增加。煤层局部变薄和变厚，产生的应力集中程度也不同。煤层厚度变化越剧烈，应力集中程度越高。

(五) 煤(岩)层的冲击倾向性

冲击倾向性是煤(岩)介质产生冲击破坏的固有属性，是产生冲击地

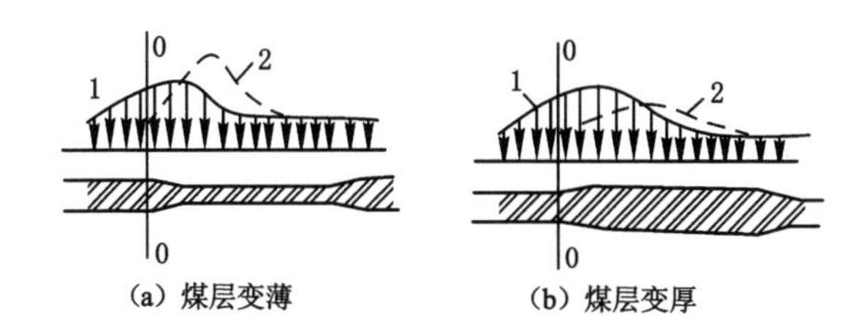

0—煤厚变化点；1—煤厚变化前的应力曲线；2—煤厚变化后的应力曲线。

图 1-5　煤层厚度变化时工作面附近应力分布图

压的必要条件之一。按照《冲击地压测定、监测与防治方法 第 2 部分：煤的冲击倾向性分类及指数的测定方法》，一般认为，当动态破坏时间、弹性能量指数、冲击能量指数及单轴抗压强度指标大于某个值时，就有可能发生冲击地压。并且在相同条件下，冲击倾向性高的煤层（顶底板岩层）发生冲击的可能性要远大于冲击倾向性低的煤层（顶底板岩层）。

二、开采技术因素对冲击地压的影响

（一）保护层的卸压程度

保护层的卸压程度与卸压效果，在防治煤与瓦斯突出的实践中已经得到证明，在防治冲击地压方面的原理近乎相同。开采保护层时，应根据开采技术条件确定保护层的卸压范围和卸压程度，以及开采保护层的间隔时间等。

（二）采煤方法

采煤方法不同，采空区形状也不同，产生的围岩应力集中程度和分布特征也不同。一般来说，短壁体系（房柱式、刀柱式等）采煤方法由于开掘的巷道多、采空区遗留煤柱多，顶板不能及时充分地垮落，支承压力比较高，工作面前方巷道势必受到叠加压力的影响，增加了冲击危险性。水力采煤方法虽然系统简单，但回收率低，遗留的煤垛在采空区形成支撑，顶板不能及时、规律地垮落，又须在支承压力带开掘水道和枪眼，推进速度快、开采强度大，悬顶面积大，也不能解决冲击地压问题。倒台阶采煤方法由于工作面不成一条直线，在台阶部位会形成高应力集中，也易导致冲击地压的发生。相对而言，长壁式采煤方法有利于减小冲击地压危险性，但也不可能避免冲击地压的发生。

（三）采空区处理方法

冲击地压煤层顶板大多为厚度较大的坚硬岩层，开采时不易垮落，顶板断裂时位移不均衡，支承压力分布变化大，煤层和顶板压力加载时间短，煤层和顶板接触面上会产生很大的剪切力，砂岩等致密岩层顶板悬垂面积大，会积聚大量变形能。因此，顶板管理应尽可能减小顶板悬垂面积，使工作面和工作空间上方基本顶挠度减小到最小。采用全部垮落法管理顶板、使用具有整体性和防护能力的可缩性支架有利于减小冲击地压危险。

（四）区段煤柱宽度

煤柱是应力集中部位，承受的集中应力较高，易引起冲击地压。统计表明，近 20 年来，大约 60%的冲击地压是由煤柱宽度留设不合理引起的，造成了巷道的严重破坏和人员伤亡，因此区段煤柱是影响冲击地压的一个重要因素。合理确定煤柱宽度对防治冲击地压起着至关重要的作用，也对回采巷道稳定性及维护有着积极作用。从防治冲击地压的角度来讲，窄煤柱中的煤体几乎全部被“压酥”，内部不存在弹性核，也就不会存储大量的弹性能，发生冲击的危险性就小，煤柱越窄对防治冲击地压越有利。但区段煤柱的宽度也不能太小，否则受两侧顶板应力的作用易破碎坍塌，起不到保护巷道的作用。然而，留设大煤柱，其煤柱宽度至少在 50 m 以上，煤炭资源损失较严重。

随着护巷煤柱宽度的增大，煤柱中的最大垂直应力也由小变大，然后再变小。也就是当煤柱宽度小于 10 m 时，最大垂直应力较小；当煤柱宽度在 10～15 m 时，煤柱中的最大垂直应力相对较大；随着煤柱宽度的继续增大，煤柱中的最大垂直应力又将减小。而且随着煤柱宽度的增大，巷道附近煤体中的应力集中程度也在增加。

（五）采空区

当工作面接近已有的采空区，冲击危险性随之增大。

根据岩层移动理论，当采空区的宽度之和小于开采深度的 40%时，工作面周围岩体内的应力逐步增加，但采动影响波及不到地表。当采空区的宽度之和等于或大于开采深度的 40%时，上覆岩层充分移动，震动释放的能量最大，此时冲击危险性也最大，并且采动影响可能会波及地表。

（六）采掘顺序

采掘顺序直接影响到煤岩层矿山压力的分布与大小，也直接影响冲击地压的发生。在单一煤层开采时，掘进巷道或采煤工作面的相向推进，在煤柱中的支承压力带内掘进，采煤工作面或掘进工作面向采空区或断层带、褶曲带推进等，都会产生应力叠加。因此，从防治冲击地压角度而言，应避免两个工作面相向开采，禁止在煤柱内掘进等。

（七）不规则工作面

“刀把”形不规则工作面，多个工作面的开切眼及停采线不平齐区域附近，极易造成局部应力集中，冲击危险程度急剧升高。因此，从防治冲击地压角度而言，应避免布置不规则工作面，禁止留设“孤岛”工作面等。

（八）底煤厚度

冲击地压发生时，一般伴有严重底鼓，留设底煤较厚往往对冲击地压的发生起到促进作用。对于巷道围岩而言，顶板和巷帮一般进行支护，而底板一般无支护，从而导致底板成为巷道最为薄弱的区域。当冲击地压载荷作用至巷道围岩时，能量也将从最薄弱的环节突破，该过程必然伴随底板的缓慢底鼓或突然破坏。因此，从防治冲击地压角度而言，应尽量避免留设底煤。

三、组织管理因素对冲击地压的影响

冲击地压影响因素中的自然地质因素、开采技术因素占主导作用，组织管理因素也至关重要。组织管理涉及组织机构、队伍建设、装备配置和安全防护以及相应的管理制度等。

第四节　国内外冲击地压研究现状

一、冲击地压发生机理研究

1951 年，库克（Cook）最早提出了冲击地压发生机理的强度理论，之后诸多学者相继提出了刚度理论、能量理论、冲击倾向性理论、“三准则”理论、变形系统失稳理论和“三因素”理论等。进入 21 世纪后，我国学者又先后提出了强度弱化减冲理论、应力控制理论、冲击启动理论和冲击扰动响应失稳理论等。在这些冲击地压发生机理中，最经典的理论是强度理论、刚度理论、能量理论和冲击倾向性理论，均是德国、波兰、苏联等国学者早期提出的。

我国对冲击地压的系统研究始于改革开放后，其中李玉生在总结了强度理论、能量理论和冲击倾向性理论的基础上，将三种理论结合起来，认为强度准则是煤岩体的破坏准则，能量准则和冲击倾向性准则是突然破坏准则，只有当这三个准则同时满足时，冲击地压才会发生。张万斌在德国和波兰学者的研究基础上，通过中波国际合作研究，对冲击倾向性理论进行了补充和完善，提出了符合我国煤矿实际的冲击倾向性指标。章梦涛提出了冲击地压的变形系统失稳理论，认为冲击地压是煤岩体内高应力区的介质局部形成应变软化与尚未形成应变软化的介质处于非稳定状态时,在外界扰动下的动力失稳过程。齐庆新提出了冲击地压“三因素”理论,认为冲击地压实质为具有冲击倾向性的煤岩结构体在高应力(构造应力、自重应力)作用下发生变形,局部形成高应力集中并积聚能量,在采动应力的扰动下,沿煤岩结构弱面或接触面发生黏滑并释放大量能量的动力现象。窦林名等提出了冲击地压的强度弱化减冲理论,即通过采取措施,对煤岩体进行松散,降低其强度和冲击倾向性,使得应力高峰区向煤岩体深部转移,并降低应力集中程度,使发生冲击地压的强度降低,从而防止冲击地压的发生。齐庆新等通过大量工程实践,从冲击地压防治出发提出了应力控制理论,认为冲击地压问题实质上就是煤岩体的应力问题,控制冲击地压灾害的发生,实质上就是改变煤岩体的应力状态或控制高应力的产生,并据此对冲击地压矿井类型进行了划分。潘俊锋等提出了冲击启动理论,认为冲击地压发生依次经历冲击启动、冲击能量传递、冲击地压显现三个阶段,采动围岩近场系统内集中静载荷的积聚是冲击启动的内因,采动围岩远场系统外集中动载荷对静载荷的扰动、加载是冲击启动的外因;可能的冲击启动区为极限平衡区、应力峰值最大区,冲击启动的能量判据为工作面煤壁极限破坏区集聚的弹性应变能(E_j)加上顶板断裂传递来的动载荷能量(E_d)减去煤岩破坏所需要的最小能量(E_c)大于零,即 $E_j+E_d-E_c>0$。潘一山在总结 30 多年冲击地压理论研究成果的基础上,提出了冲击扰动响应失稳理论,认为冲击地压是煤岩变形系统在扰动下响应趋于无限大而发生的失稳,给出了冲击地压扰动响应失稳条件,并按扰动响应失稳理论推导出了圆形巷道发生冲击地压的解析解。

除上述冲击地压发生机理外,我国一些学者通过研究冲击煤岩的分形、断裂、损伤和突变等特征,对冲击地压发生机理进行了有益的探索。谢和平等从损伤力学和分形概念上分析冲击地压的分形和物理机理,认为一个强的破坏实际上等效于煤岩体内破裂的一个分形集聚,这个破裂的分形集聚所需能量耗散随分形维数的减小而按指数律增加。张春晓和缪协兴等认为,冲击地压是由岩(煤)壁附近的板裂结构的屈曲失稳破坏而形成的。尹光志等从煤岩损伤力学出发,基于能量建立了冲击地压发生的必要条件。潘立友将冲击地压的孕育过程分为弹性变形阶段、非线性变形阶段和扩容突变阶段三个阶段,并建立了冲击地压的扩容模型。姜耀东等根据非平衡态热力学和耗散结构理论,认为冲击地压是煤岩体系统在变形过程中的一个稳定态积蓄能量向非稳定态释放能量转化的非线性动力学过程。潘一山等用突变理论的尖角型突变模型研究了冲击地压发生的物理过程，得到判断冲击地压发生的必要条件和充分条件。

二、监测预警研究

我国冲击地压的监测技术与装备是在学习和借鉴波兰和苏联等国家的技术基础上，并随着我国冲击地压矿井数量的增加和冲击地压研究的加强而发展起来的。最初的监测方法只有矿压监测法、流动地音法和钻屑法。随着1982年从波兰引进SAK地音监测系统和SYLOK微震监测系统以及在此基础上的国产化研究，我国冲击地压监测技术与装备才真正走上了系统化的发展道路。

20世纪80年代末到90年代初，我国在引进波兰SAK地音监测系统、SYLOK微震监测系统的基础上，对其进行了国产化研究，成功研发出国产化的DJ地音监测系统和WJD-1微震监测系统。与此同时，煤炭科学研究总院北京开采所基于微机技术成功开发了MRB微震监测系统和MAE地音监测系统。考虑到使用的灵活性和方便性，同时还开发了BD4-Ⅰ型便携式矿用地音仪。

20世纪90年代至21世纪初这10余年间，由于煤炭行业持续低迷，煤矿对冲击地压监测技术与装备的投入不足，导致这些冲击地压监测仪器和装备大部分没有得到大范围推广应用，只有BD4-Ⅰ型便携式矿用地音仪在冲击地压矿井得到了较为广泛的应用，绝大多数严重冲击地压矿井都使用该仪器进行了冲击危险性监测和预测工作。

21世纪以后，随着我国国民经济的快速增长，煤炭需求激增，同时国家加强了煤矿安全监管，煤矿对安全更加重视，煤矿和科研单位加大了对冲击地压监测技术与装备的投入力度。一方面，冲击地压矿井从波兰引进ARAMIS微震监测系统和ARES地音监测系统；另一方面，天地科技股份有限公司开采设计事业部在国内率先成功研发KMJ-30采动应力监测系统。这些装备的引进与成功研发，推动了我国煤矿冲击地压矿井监测技术与装备水平的提升。此后，波兰SOS微震监测系统和加拿大的ESG微震监测系统也相继引进，天地科技股份有限公司开采设计事业部的KJ21煤矿顶板与冲击地压监测系统、煤炭科学研究总院安全分院的KJ768微震监测系统、北京科技大学的KJ551煤矿微地震监测系统和KJ550冲击地压在线监测系统等微震与采动应力监测技术和系统也相继投入到冲击地压监测应用中，从而使我国煤矿冲击地压监测技术与装备水平在10多年的时间里达到了国际先进水平。目前,所有冲击地压矿井都装备了微震监测系统和采动应力监测系统或应力在线监测系统。

随着冲击地压监测预警技术与装备的广泛应用,冲击地压有关监测预警理论与方法的研究也得到了迅猛发展,代表性的学者主要有窦林名、刘少虹和刘金海等。窦林名的研究工作成果突出表现为建立了煤岩冲击破坏的多信息归一化预警力学模型,基于煤岩破坏的不同裂隙发展阶段与微震、应力、声电等参量响应关系,结合弹性波CT成像技术与煤岩震动的微震采集,提出了定期反演空间应力场(静载)的"震动波CT"预警方法,形成了冲击地压"应力场—震动波场"综合监测预警技术,并在义马矿区和大屯矿区等开展工程应用,综合预测准确率达到了80%以上。刘少虹的研究工作成果突出表现为突破传统微震、地音及电磁监测的局限,从理论上研究了基于地音监测与电磁波CT探测的掘进工作面冲击危险性层次化评价方法以及基于地震波和电磁波CT联合探测的采掘巷道冲击危险性评价方法,克服了单一监测或探测手段的评价方法在掘进工作面应用中存在的不足,实现了采掘巷道冲击危险等级的确定及危险区域的划分和掘进工作面冲击地压实时预警及危险区域精准划分,提高了掘进工作面冲击地压评价的效率与准确性,实际工程应用效果良好。刘金海的研究重点是基于冲击地压多参量实时在线观测,强调震动场、应力场联合监测技术和"全频广域"震动监测技术,实现冲击地压的"宏观—区域—局部—点"全局"无缝"监测。

三、防治研究

我国冲击地压的防治方法与技术的发展比较缓慢。

20世纪80年代到90年代末,冲击地压防治方法主要有合理开采布置、保护层开采、煤层注水、煤层卸载爆破、宽巷掘进等。顶板深孔爆破等技术受钻孔设备等条件的限制,实际工程应用较少。

进入21世纪后,我国煤矿的冲击地压防治方法与技术有了一定的进步。一方面,学习借鉴了煤与瓦斯突出的区域与局部相结合的防治方法;另一方面,钻机装备技术的大幅度提升,使得顶板深孔爆破技术、顶板水压致裂和顶板定向水压致裂技术等得到了迅速推广应用。

大量实践表明,防治冲击地压本质上就是控制煤岩体的应力状态或降低煤岩体高应力。从生产实际出发,冲击地压的防治主要有两类:一类是区域防范方法,另一类是局部解危方法。代表性的区域防范方法包括合理的开拓开采布置和保护层开采等,局部解危方法包括煤层注水、煤层大直径钻孔卸压、煤层卸压爆破、顶板深孔爆破、顶板水压致裂与定向水压致裂技术等。这些局部解危方法已在我国大部分冲击地压矿井得到了推广应用，作为区域防范方法的保护层开采也在条件适宜的矿井得到了推广应用，合理的开拓开采布置方法在传统的冲击地压矿井生产中也得到了一定的应用。

四、防治冲击地压理论与技术体系的形成

改革开放 40 多年来，几代冲击地压研究人投入了大量的人力物力，为冲击地压的防治做出了重要贡献。我国在冲击地压研究队伍、冲击地压发生机理、冲击地压监测技术与装备、冲击地压防治技术与装备、冲击地压法律法规与标准等方面均取得了较大进步，我国的冲击地压防治理论与技术体系初步形成。

第二章　冲击危险性预测

第一节　冲击倾向性鉴定

一、煤的冲击倾向性分类

煤的冲击倾向性分为无冲击倾向性、弱冲击倾向性和强冲击倾向性三类。

煤的冲击倾向性测定指标值见表 2-1。

表 2-1　煤的冲击倾向性测定指标值

类别		Ⅰ类	Ⅱ类	Ⅲ类
冲击倾向		无	弱	强
指数	动态破坏时间/ms	$DT>500$	$50<DT\leqslant 500$	$DT\leqslant 50$
	弹性能量指数	$W_{ET}<2$	$2\leqslant W_{ET}<5$	$W_{ET}\geqslant 5$
	冲击能量指数	$K_E<1.5$	$1.5\leqslant K_E<5$	$K_E\geqslant 5$
	单轴抗压强度/MPa	$R_c<7$	$7\leqslant R_c<14$	$R_c\geqslant 14$

煤的冲击倾向性的强弱，依据实验室测定的煤的动态破坏时间 DT、弹性能量指数 W_{ET}、冲击能量指数 K_E 和单轴抗压强度 R_c 4 个指标进行综合评判。依据测定数值，按表 2-1 指标分别判定为强、弱和无，对应分别取值 1、2、3，在综合判断结果表 2-2 中查出对应的综合评判结果。

当 4 个指数发生矛盾时，其分类可采用模糊综合评判方法，4 个指数的权重分别为 0.3、0.2、0.2、0.3。有 8 种较难综合判定的情况，在表 2-2"综合评判结果"列中用"＊"标出。出现此种结果时，推荐采用对每个测试值与该指标所在的类别临近界定值进行比较，综合判断冲击倾向性。

表 2-2　冲击倾向性综合判断结果表

序号	动态破坏时间	弹性能量指数	冲击能量指数	单轴抗压强度	综合评判结果	序号	动态破坏时间	弹性能量指数	冲击能量指数	单轴抗压强度	综合评判结果
1	1	1	1	1	1	27	1	3	3	3	3
2	1	1	1	2	1	28	2	1	1	1	1
3	1	1	1	3	1	29	2	1	1	2	2
4	1	1	2	1	1	30	2	1	1	3	1
5	1	1	2	2	*	31	2	1	2	1	*
6	1	1	2	3	2	32	2	1	2	2	2
7	1	1	3	1	1	33	2	1	2	3	2
8	1	1	3	2	1	34	2	1	3	1	1
9	1	1	3	3	2	35	2	1	3	2	2
10	1	2	1	1	1	36	2	1	3	3	3
11	1	2	1	2	*	37	2	2	1	1	*
12	1	2	1	3	1	38	2	2	1	2	2
13	1	2	2	1	1	39	2	2	1	3	2
14	1	2	2	2	2	40	2	2	2	1	2
15	1	2	2	3	2	41	2	2	2	2	2
16	1	2	3	1	1	42	2	2	2	3	2
17	1	2	3	2	2	43	2	2	3	1	2
18	1	2	3	3	3	44	2	2	3	2	2
19	1	3	1	1	1	45	2	2	3	3	*
20	1	3	1	2	1	46	2	3	1	1	1
21	1	3	1	3	2	47	2	3	1	2	2
22	1	3	2	1	1	48	2	3	1	3	3
23	1	3	2	2	2	49	2	3	2	1	2
24	1	3	2	3	3	50	2	3	2	2	2
25	1	3	3	1	1	51	2	3	2	3	*
26	1	3	3	2	3	52	2	3	3	1	3

表 2-2(续)

序号	动态破坏时间	弹性能量指数	冲击能量指数	单轴抗压强度	综合评判结果	序号	动态破坏时间	弹性能量指数	冲击能量指数	单轴抗压强度	综合评判结果
53	2	3	3	2	2	68	3	2	2	2	2
54	2	3	3	3	3	69	3	2	2	3	3
55	3	1	1	1	1	70	3	2	3	1	3
56	3	1	1	2	1	71	3	2	3	2	*
57	3	1	1	3	3	72	3	2	3	3	3
58	3	1	2	1	1	73	3	3	1	1	2
59	3	1	2	2	2	74	3	3	1	2	3
60	3	1	2	3	3	75	3	3	1	3	3
61	3	1	3	1	2	76	3	3	2	1	3
62	3	1	3	2	3	77	3	3	2	2	*
63	3	1	3	3	3	78	3	3	2	3	3
64	3	2	1	1	1	79	3	3	3	1	3
65	3	2	1	2	2	80	3	3	3	2	3
66	3	2	1	3	3	81	3	3	3	3	3
67	3	2	2	1	2						

二、顶(底)板岩层的冲击倾向性分类

岩层冲击倾向性是指岩层积聚变形能并具有产生冲击破坏的性质。

顶板岩层的冲击倾向性分类按弯曲能量指数值的大小分为无冲击倾向性、弱冲击倾向性和强冲击倾向性三类。

弯曲能量指数是在均布载荷作用下，单位宽的悬臂岩梁达到极限跨度积蓄的弯曲能量，单位 kJ，用 U_{WQ}表示，见表 2-3。

表 2-3　顶板岩层的冲击倾向性分类及指数

类别	Ⅰ类	Ⅱ类	Ⅲ类
冲击倾向性	无	弱	强
弯曲能量指数/kJ	$U_{WQ} \leqslant 15$	$15 < U_{WQ} \leqslant 120$	$U_{WQ} > 120$

底板岩层冲击倾向性测试无国家标准，根据《煤矿安全规程》规定，并

参照顶板岩层冲击倾向性鉴定的指标与计算方法进行测定，所得结果仅供参考。

三、采样的一般规定

（一）采样的基本要求

（1）采样前应根据采样地点的地质综合柱状图，了解清楚采样地点的地层结构。

（2）在研究某一局部地点的煤或岩层性质时，应在所研究地点附近，寻找具有代表性的采样点采样。

（3）在研究较大范围的煤岩性质时，应根据煤岩性变化情况，分别在几个具有代表性的采样点采样。

（4）当沿岩层厚度方向上岩性变化较大时，应分别在上、中、下不同层位采样。

（5）每一组煤样、岩样应采自煤岩性相同的同一层位和同一方向。

（6）对岩性变化很大的岩层，应将不同地点和不同层位采取的煤样、岩样分别编组。

（二）采样的技术要求

1. 煤层采样

根据试验要求及煤层厚度分层采样。煤层厚度在 3.5 m 以下，采一组煤样；煤层厚度在 3.5～5.0 m 之间采两组煤样，一组靠近煤层顶板，另一组靠近煤层底板；煤层厚度在 5.0～10.0 m 之间，可分上、中、下采三组煤样；煤层厚度在 10.0 m 以上，可根据煤层厚度，分更多层采样或用钻机采样。

2. 岩层采样

根据试验要求，应在煤层顶板或底板 30.0 m 以内的岩层中，分别取不同岩性的岩样。单层厚度大于 2.0 m 各分层为一组，各分层分别采样。

煤层底板可只采一组岩样。如果有厚度小于 1.0 m 的伪底，除采此伪底层外，还应采其下另一组不同岩性的底板岩样。

如果煤层中有夹矸层，应根据夹矸层的厚度、岩性及其对煤层开采影响程度，酌情采取各夹矸层的岩样。

3. 采样规格及数量

煤样每组 7 块，岩样每组 4 块。所采的煤样、岩样的规格大体为 25 cm×25 cm×20 cm，其高度方位应垂直煤、岩层的层理面。所采煤样、岩样不应有明显裂隙。

如果煤体强度较低、节理和裂隙发育或为软岩采不出上述大块煤样、岩样，可采较小煤样、岩样，其最小尺寸应大于15 cm×15 cm×15 cm，并相应增加煤样、岩样数量。

每组煤样、岩样的数量，应满足试件制备的需要，按测定要求的项目确定。各项试验所需标准试件尺寸与最低数量参照相关规范。

（三）采样方法

1. 试块采样

在单一薄及中厚煤层中采样时，可在采煤工作面、掘进工作面选取新垮落、没有裂隙并能辨别清楚层位的煤块、岩块作为试样。

巷道中采样时，可在新掘出的穿层巷道或石门中，用煤电钻或风镐采样；老巷道采样时，应掘侧短巷或用钻机采取煤、岩样。

2. 钻取岩芯采样

用地质钻机采样时，至少打两个钻孔，取两组岩芯，岩芯的直径宜大于70 mm。

钻孔应垂直岩层层理面钻进，偏斜度应小于5°，并标明所取岩样与层理面的倾角。如果偏斜度较大时，应加大取岩芯直径。

在测定岩层的冲击倾向性时，取样深度应根据地质综合柱状图，在煤层顶板30 m以内的岩层中分别取不同岩层的岩样。

3. 弯曲强度样品采样

在做岩层冲击倾向性测定试验中应测试该岩层的弯曲强度，要求试件的长轴平行于岩层层面，最好采取岩块做试件。如用钻机取样，应平行于岩层层面钻取岩芯，其直径应大于50 mm。在巷道或采煤工作面应将岩芯直径加大到120～150 mm。

四、煤的冲击倾向性鉴定

煤的冲击倾向性鉴定依照《冲击地压测定、监测与防治方法 第2部分:煤的冲击倾向性分类及指数的测定方法》(GB/T 25217.2—2010)规定，在实验室分别测定煤样的动态破坏时间、弹性能量指数、冲击能量指数和单轴抗压强度。

（一）动态破坏时间

煤样动态破坏时间是指煤样在常规单轴抗压试验条件下，从极限载荷到完全破坏所经历的时间，如图2-1所示。在常规单轴压缩试验条件下，测定煤样从极限载荷到完全破坏所经历的时间，绘制动态破坏时间曲线，计算单个试件的动态破坏时间和每组试件的动态破坏时间的算术平均值。

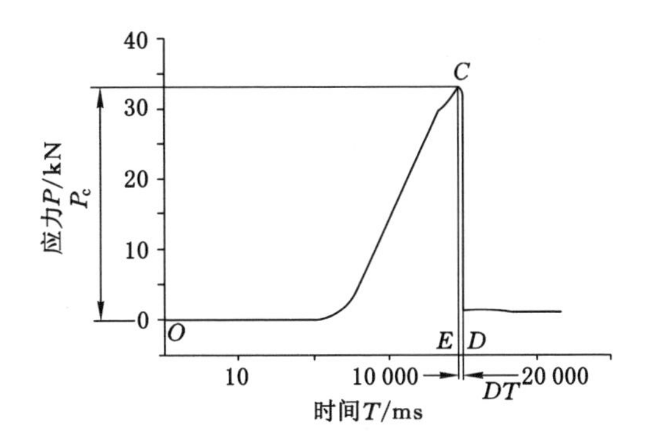

ED—破坏时间；CD—破坏过程；OC—加载过程。

图 2-1　动态破坏时间示意图

计算公式为：

$$DT_s = \frac{1}{n}\sum_{i=1}^{n} DT_i \tag{2-1}$$

式中　DT_s——平均动态破坏时间，ms；

DT_i——第 i 个试件的动态破坏时间，ms；

n——每组试件的个数。

（二）弹性能量指数

弹性能量指数是指煤试件在单轴压缩状态下，受力达到破坏前某一值时卸载，其弹性能与塑性能之比，如图 2-2 所示。在常规单轴压缩试验条件下，测定煤样破坏前所积蓄的变形能与产生塑性变形消耗的能量比值，计算单个试件和每组试件的弹性能量指数的算术平均值。

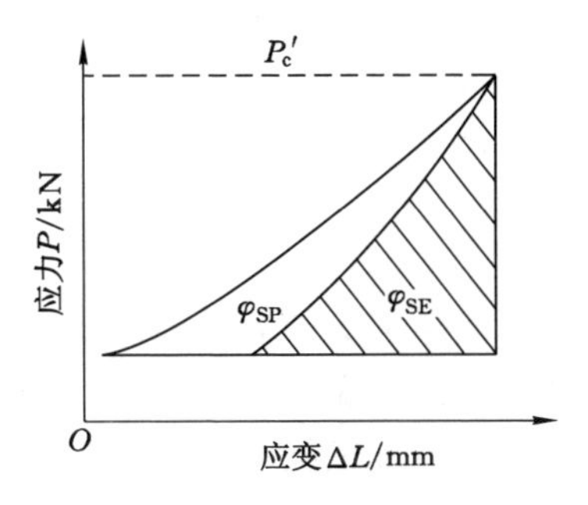

图 2-2　弹性能量指数计算示意图

计算公式为：

$$W_{ET} = \frac{\varphi_{SE}}{\varphi_{SP}} \tag{2-2}$$

$$\varphi_{SP} = \varphi_c - \varphi_{SE} \tag{2-3}$$

式中 W_{ET}——弹性能量指数；

φ_{SE}——弹性应变能，其值为卸载曲线下的面积，mm^2；

φ_c——总应变能，其值为加载曲线下的面积，mm^2；

φ_{SP}——塑性应变能，其值为加载曲线和卸载曲线所包络的面积，mm^2。

（三）冲击能量指数

冲击能量指数是指应力应变全过程曲线的上升段面积与下降段面积之比，如图 2-3 所示。在常规单轴压缩试验条件下，测定煤样全应力应变曲线峰前所积聚的变形能与峰后所消耗的变形能之比，计算单个试件和每组试件的冲击能量指数的算术平均值。

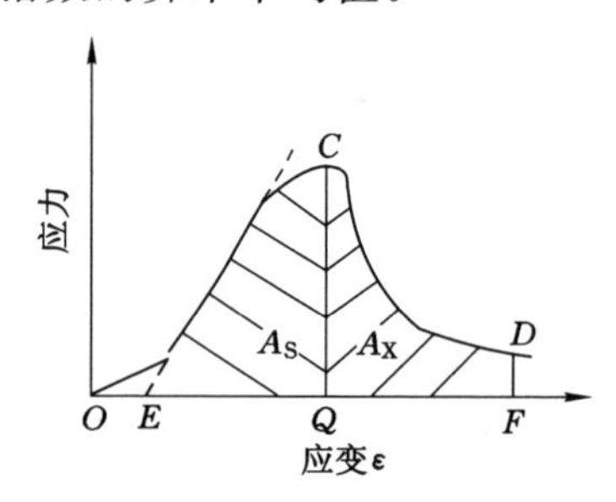

图 2-3　冲击能量指数计算示意图

冲击能量指数(K_E)计算公式为：

$$K_E = \frac{A_S}{A_X} \tag{2-4}$$

式中 K_E——冲击能量指数；

A_X——峰后积聚变形能；

A_S——峰前积聚变形能。

（四）单轴抗压强度

在伺服试验机上测量试样承受的载荷，以 0.5～1.0 MPa/s 的速度加载直至试样破坏。根据试验测得的负荷数据与其承压面面积的比值，最终计算得到煤样和岩样的单轴抗压强度(R_c)。

每一种煤样在测定动态破坏时间、弹性能量指数和冲击能量指数时，每个指数的试件应不少于 5 个；测定单轴抗压强度时，试件应不少于 3 个。

五、顶(底)板岩层的冲击倾向性鉴定

煤层顶板岩层的冲击倾向性鉴定指数是弯曲能量指数，可根据单轴抗拉强度、弹性模量和上覆岩层载荷等计算得到。

（一）单一岩层弯曲能量指数的计算

上覆岩层载荷自煤层顶板起，自下而上，顶板单位宽度上覆岩层载荷 q 按下式进行计算：

$$q = 10^{-6}\frac{E_1 h_1^3 g(\rho_1 h_1 + \rho_2 h_2 + \cdots + \rho_n h_n)}{E_1 h_1^3 + E_2 h_2^3 + \cdots + E_n h_n^3} \tag{2-5}$$

式中　q——单位宽度上覆岩层载荷，MPa；

h_i——上覆第 i 岩层的厚度，m；

E_i——上覆第 i 岩层的弹性模量，MPa；

ρ_i——上覆第 i 岩层的块体密度，kg/m^3；

g——重力加速度，m/s^2。

单一顶板弯曲能量指数计算公式：

$$U_{\mathrm{WQ}} = 102.6\frac{(R_{\mathrm{t}})^{\frac{5}{2}} h^2}{q^{\frac{1}{2}} E} \tag{2-6}$$

式中　U_{WQ}——单一顶板弯曲能量指数，kJ；

R_{t}——岩石试样的单轴抗拉强度，MPa；

h——单一顶板厚度，m；

E——岩石试样的弹性模量，MPa。

（二）复合顶板弯曲能量指数的计算

$$U_{\mathrm{WQS}} = \sum_{i=1}^{n} U_{\mathrm{WQ}i} \tag{2-7}$$

式中　U_{WQS}——复合顶板弯曲能量指数，kJ；

$U_{\mathrm{WQ}i}$——第 i 层顶板的弯曲能量指数，kJ；

n——顶板分层数，复合顶板厚度一般取至煤层上覆顶板 30 m。

第二节　冲击危险性评价

冲击危险性评价是冲击地压危险性预测方法之一。冲击地压危险性预测分为区域预测和局部预测，区域预测是指对煤层（矿井）、采（盘）区的冲击危险性预测，局部预测是指对采掘工作面、巷道及硐室的冲击危险性预测。

新建矿井在可行性研究阶段，当评估有冲击倾向性时，应进行冲击危险性评价。

生产矿井根据最新查明的地质条件及开采技术条件进行冲击危险性评价。根据评价区域的不同,分为煤层(矿井)、采(盘)区、采煤工作面、掘进工作面、巷道及硐室等冲击危险性评价。

冲击危险性评价可采用综合指数法、多因素耦合分析等方法。评价结果分为四级:无冲击地压危险、弱冲击地压危险、中等冲击地压危险和强冲击地压危险。

一、综合指数法

综合指数法是通过综合分析开采区域的地质因素和开采技术条件因素,确定这些影响因素对冲击地压的影响权重,分别得出地质因素和开采技术条件因素的危险指数,取其最大值作为冲击地压的综合指数,并根据该综合指数对冲击地压危险进行评价预测,确定开采区域的冲击地压危险等级。

综合指数法在煤层(矿井)、采(盘)区、采掘工作面等区域的冲击危险性评价中方法基本相同,区别在于每一类地质条件、开采技术条件的影响范围分别对应于待评价的区域。

综合指数由下式计算:

$$W_{\mathrm{t}} = \max\{W_{\mathrm{t1}}, W_{\mathrm{t2}}\} \tag{2-8}$$

其中:

$$W_{\mathrm{t1}} = \frac{\sum_{i=1}^{n_1} W_i}{\sum_{i=1}^{n_1} W_{i\max}}$$

$$W_{\mathrm{t2}} = \frac{\sum_{i=1}^{n_2} W_i}{\sum_{i=1}^{n_2} W_{i\max}}$$

式中 W_{t} ——冲击危险综合指数;

W_{t1} ——地质因素评定的冲击危险指数;

W_{t2} ——开采技术因素评定的冲击危险指数;

W_i ——第 i 个地质因素、开采技术因素的评定指数;

$W_{i\max}$ ——第 i 个地质因素、开采技术因素的指数最大值;

n_1, n_2 ——地质因素、开采技术因素的数目。

对应每一类地质影响因素和开采技术条件因素,冲击危险指数分为四个等级,由低至高依次取 0、1、2、3。其中,0 表示对冲击地压没有影响,1 表示对冲击地压影响程度弱,2 表示对冲击地压影响程度中等,3 表示对冲击地压影响程度强。冲击危险指数参考窦林名教授研究团队的综合指数法取值说明分别取值。

（一）地质因素评定冲击危险指数

表 2-4 为地质因素对应的冲击地压危险指数评估表。

表 2-4　地质因素对应的冲击地压危险指数评估表

序号	影响因素	因素说明	因素分类	危险指数
1	W_1	同一水平煤层冲击地压发生历史（次数 n）	$n=0$	0
			$n=1$	1
			$n=2$	2
			$n\geqslant 3$	3
2	W_2	开采深度 H	$H\leqslant 400$ m	0
			400 m$<H\leqslant$600 m	1
			600 m$<H\leqslant$800 m	2
			$H>800$ m	3
3	W_3	上覆裂隙带内坚硬厚层岩层距煤层的距离 d	$d>100$ m	0
			50 m$<d\leqslant$100 m	1
			20 m$<d\leqslant$50 m	2
			$d\leqslant 20$ m	3
4	W_4	煤层上方 100 m 范围顶板岩层厚度特征参数 L_{st}	$L_{st}<50$ m	0
			50 m$<L_{st}\leqslant$70 m	1
			70 m$<L_{st}\leqslant$90 m	2
			$L_{st}>90$ m	3
5	W_5	开采区域内构造引起的应力增量与正常应力值之比 $\gamma=(\sigma_g-\sigma)/\sigma$	$\gamma\leqslant 10\%$	0
			$10\%<\gamma\leqslant 20\%$	1
			$20\%<\gamma\leqslant 30\%$	2
			$\gamma>30\%$	3
6	W_6	煤的单轴抗压强度 R_c	$R_c\leqslant 10$ MPa	0
			10 MPa$<R_c\leqslant$14 MPa	1
			14 MPa$<R_c\leqslant$20 MPa	2
			$R_c>20$ MPa	3
7	W_7	煤的弹性能量指数 W_{ET}	$W_{ET}<2$	0
			$2\leqslant W_{ET}<3.5$	1
			$3.5\leqslant W_{ET}<5$	2
			$W_{ET}\geqslant 5$	3

(1) 影响因素 W_1。同一水平煤层冲击地压发生的历史,是指同一矿井、同一水平、同一煤层累计冲击地压发生次数 n。“冲击地压”是经过认定的“冲击地压”事件,“煤炮”“震动”等不在此范围之内。

(2) 影响因素 W_2。开采深度 H,是指评价区域煤层开采深度,按评价区域内最大值取值。

(3) 影响因素 W_3。上覆裂隙带内坚硬厚层岩层距煤层的距离 d,是指处于裂隙带范围内的厚层坚硬岩层距离煤层顶板的距离。厚层是指单层厚度大于 10 m,坚硬岩层是指在自然含水率条件下,单轴抗压强度大于 60 MPa 的岩层。

(4) 影响因素 W_4。煤层上方 100 m 范围顶板岩层厚度特征参数 L_{st} 的确定方法:

$$L_{st} = \sum h_i r_i$$

式中 L_{st} ——顶板岩层厚度特征参数;

h_i ——煤层顶板上覆 100 m 范围内第 i 种岩层的总厚度;

r_i ——第 i 种岩层的弱面递减系数。

一般定义砂岩的强度系数和弱面递减系数均为 1.0,煤系地层各岩层的强度比和弱面递减系数参见表 2-5。

表 2-5 煤系地层岩层的强度比和弱面递减系数

岩层	砂岩	泥岩	页岩	煤	采空区冒矸
强度比	1.0	0.82	0.58	0.34	0.2
弱面递减系数	1.0	0.62	0.29	0.31	0.04

评价区域内若柱状图范围小于 100 m 时,计算后折算到 100 m。煤层(矿井)评价时,应以矿井综合柱状图为计算依据。采区、采掘工作面对评价范围内各个钻孔分别计算,最后取最大值。

(5) 影响因素 W_5。指构造应力分量减去正常水平应力与正常水平应力的比值。

如果评价区域有实测地应力数据,当该区域应力场为构造应力场(即最大主应力为水平应力)时,实测最大水平应力分量减去正常水平应力分量(一般正常水平应力分量是垂直应力的 1.3 倍,即 $\sigma_h = 1.3\sigma_v$),计算方法为:

$$\gamma = \frac{\sigma_{hmax} - \sigma_h}{\sigma_h} \tag{2-9}$$

其中 σ_{hmax} ——水平应力最大值(或近水平最大应力分量);

σ_h ——正常水平应力。

计算结果取百分数。

如果无实测地应力数据,则需要根据矿井地质构造的发育(主要为断裂构造和褶皱构造)程度进行推测,从简单到极复杂依次从小到大取值。

(6) 影响因素 W_6。煤的单轴抗压强度 R_c,是指评价区域冲击倾向性鉴定报告中的单轴抗压强度值。

(7) 影响因素 W_7。煤的弹性能量指数 W_{ET},是指评价区域冲击倾向性鉴定报告中的弹性能量指数值。

根据 W_{t1} 计算公式,计算出地质因素评定的冲击危险指数。

(二) 开采技术条件因素评定冲击地压危险指数

表 2-6 为开采技术条件因素对应的冲击地压危险指数表。

表 2-6 开采技术条件因素对应的冲击地压危险指数表

序号	影响因素	因素说明	因素分类	危险指数
1	W_1	保护层的卸压程度	好	0
			中等	1
			一般	2
			很差	3
2	W_2	工作面距上保护层开采遗留的煤柱的水平距离 h_z	$h_z \geqslant 60$ m	0
			30 m $\leqslant h_z < 60$ m	1
			0 m $\leqslant h_z < 30$ m	2
			$h_z < 0$ m(煤柱下方)	3
3	W_3	工作面与邻近采空区的关系	实体煤工作面	0
			一侧采空	1
			两侧采空	2
			三侧及以上采空	3
4	W_4	工作面长度 L_m	$L_m \geqslant 300$ m	0
			150 m $\leqslant L_m < 300$ m	1
			100 m $\leqslant L_m < 150$ m	2
			$L_m < 100$ m	3

表 2-6(续)

序号	影响因素	因素说明	因素分类	危险指数
5	W_5	区段煤柱宽度 d	$d \leqslant 3$ m,或 $d \geqslant 50$ m	0
			3 m$<d \leqslant$6 m	1
			6 m$<d \leqslant$10 m	2
			10 m$<d<$50 m	3
6	W_6	留底煤厚度 t_d	$t_d=0$ m	0
			0 m$<t_d \leqslant$1 m	1
			1 m$<t_d \leqslant$2 m	2
			$t_d>2$ m	3
7	W_7	向采空区掘进的巷道,停掘位置与采空区的距离 L_{jc}	$L_{jc} \geqslant 150$ m	0
			100 m$\leqslant L_{jc}<$150 m	1
			50 m$\leqslant L_{jc}<$100 m	2
			$L_{jc}<50$ m	3
8	W_8	向采空区推进的工作面,停采线与采空区的距离 L_{mc}	$L_{mc} \geqslant 300$ m	0
			200 m$\leqslant L_{mc}<$300 m	1
			100 m$\leqslant L_{mc}<$200 m	2
			$L_{mc}<100$ m	3
9	W_9	向落差大于 3 m 的断层推进的工作面或巷道,工作面或迎头与断层的距离 L_d	$L_d \geqslant 100$ m	0
			50 m$\leqslant L_d<$100 m	1
			20 m$\leqslant L_d<$50 m	2
			$L_d<20$ m	3
10	W_{10}	向煤层倾角剧烈变化(>15°)的向斜或背斜推进的工作面或巷道,工作面或巷道迎头与之的距离 L_z	$L_z \geqslant 50$ m	0
			20 m$\leqslant L_z<$50 m	1
			10 m$\leqslant L_z<$20 m	2
			$L_z<10$ m	3
11	W_{11}	向煤层侵蚀、合层或厚度变化部分推进的工作面或巷道,接近煤层变化部分的距离 L_b	$L_b \geqslant 50$ m	0
			20 m$\leqslant L_b<$50 m	1
			10 m$\leqslant L_b<$20 m	2
			$L_b<10$ m	3

(1) 影响因素 W_1。指保护层开采的卸压程度。评价区域处于有效卸压范围、有效卸压期限内时,保护层卸压程度为“好”;处于有效卸压范围,但是超出卸压有效时间时,保护层卸压程度为“中等”;未处于保护层卸压

有效范围内，保护层卸压程度为“一般”；保护层开采时遗留承载煤柱，且该煤柱平面投影处于评价区域内，保护层卸压程度为“很差”。

无保护层开采时，不考虑此项。

(2) 影响因素 W_2。工作面距上保护层开采遗留的煤柱的水平距离 h_z，是指评价区域边界与上保护层开采遗留承载煤柱的水平距离，当此煤柱平面投影处于评价区域内时，此时位于“煤柱下方”。

无保护层开采时，不考虑此项。

(3) 影响因素 W_3。指工作面与邻近采空区的关系。相邻矿井采空区、本矿井相邻采区（盘区）采空区对工作面的影响，隔离采空区煤柱宽度一般应大于 50 m。若隔离煤柱宽度小于 50 m，则作为相邻采空区考虑。

(4) 影响因素 W_4。工作面长度 L_m，是指采煤工作面实际长度，评价区域内采煤工作面长度发生变化时，以最小长度进行取值。

(5) 影响因素 W_5。区段煤柱宽度 d，是指区段煤柱净宽。

(6) 影响因素 W_6。留底煤厚度 t_d，是指采煤工作面两巷设计（或实际）留底煤的厚度。包括倾斜煤层的三角底煤、厚煤层沿顶板掘进时底煤、过构造区域和煤层厚度变化区域的底煤厚度。

未留底煤时取 0。

(7) 影响因素 W_7。向采空区掘进的巷道，停掘位置与采空区的距离 L_{jc}，是指停掘位置巷道中线的延长线至采空区边界的垂直距离。

(8) 影响因素 W_8。向采空区推进的工作面，停采线与采空区的距离 L_{mc}，是指采煤工作面停采线至采空区边界的最小垂直距离。

(9) 影响因素 W_9。向落差大于 3 m 的断层推进的工作面或巷道，工作面或迎头与断层的距离 L_d，是指采煤工作面或巷道迎头线至断层面的最小垂直距离。采煤工作面或掘进巷道穿过断层时，距离取 0。

(10) 影响因素 W_{10}。向煤层倾角剧烈变化（$>15°$）的向斜或背斜推进的采煤工作面或掘进巷道，采煤工作面或掘进迎头与之的距离 L_z，是指采煤工作面或掘进巷道迎头线至褶曲轴迹线的最小垂直距离。

(11) 影响因素 W_{11}。向煤层侵蚀、合层或厚度变化部分推进的采煤工作面或掘进巷道，接近煤层变化部分的距离 L_b，是指采煤工作面或掘进巷道迎头线至煤层的合并线、分叉线、侵蚀线、煤层厚度变异系数高于 50％线的最小垂直距离。

掘进巷道与工作面需要穿过以上区域时，距离取 0。

根据 W_{t2} 计算公式，计算出开采技术条件因素评定的冲击危险指数。

综合 W_{t1}、W_{t2} 计算结果，取最大值作为 W_t，并作为评价区域的冲击危险指数值。表 2-7 为冲击地压危险综合指数、等级、状态及防治对策表。

表 2-7　冲击地压危险综合指数、等级、状态及防治对策表

危险等级 危险状态	综合指数	冲击地压危险防治对策
A 无冲击	$W_t \leqslant 0.25$	按无冲击地压危险采区管理，正常进行设计及生产作业
B 弱冲击	$0.25 < W_t \leqslant 0.50$	考虑冲击地压影响因素进行设计，还应满足： (1) 配备必要的监测检验设备和治理装备。 (2) 制订监测和治理方案，作业中进行冲击地压危险监测、解危和效果检验
C 中等冲击	$0.50 < W_t \leqslant 0.75$	考虑冲击地压影响因素进行设计，合理选择巷道及硐室布置方案、工作面接替顺序；优化主要巷道及硐室的技术参数、支护方式、掘进速度、采煤工作面超前支护距离及方式等。还应满足： (1) 配备区域与局部的监测检验设备和治理装备。 (2) 作业前对采煤工作面支承压力影响区、掘进煤层巷道迎头及后方的巷帮采取预卸压措施。 (3) 设置人员限制区域、确定避灾路线。 (4) 制订监测和治理方案，作业中进行冲击地压危险监测、解危和效果检验
D 强冲击	$W_t > 0.75$	考虑冲击地压影响因素进行设计，合理选择巷道及硐室布置方案、工作面接替顺序；优化巷道及硐室技术参数、支护方式和掘进速度；优化采煤工作面顶板支护、推进速度、超前支护距离及方式、采放煤高度等参数。还应满足： (1) 配备区域与局部的监测检验设备和治理装备。 (2) 作业前对采煤工作面回采巷道、掘进煤层巷道迎头及后方的巷帮实施全面预卸压，经检验冲击地压危险解除后方可进行作业。 (3) 制订监测和治理方案，作业中加强冲击地压危险的监测、解危和效果检验；监测对周边巷道、硐室等的扰动影响，并制定对应的治理措施。 (4) 设置躲避硐室、人员限制区域、确定避灾路线。 如果生产过程中，经充分采取监测及解危措施后，仍不能保证安全时应停止生产或重新设计

综合指数法可以对开采煤层、开采水平、采区、采掘工作面进行评价。此时的煤层、水平、采区、采掘工作面仅为一个评价对象，得到一个冲击危险综合指数与冲击危险等级。一个评价对象中不应出现两个冲击危险综合指数与冲击危险等级。

（三）评价区域内差异性过大的处理

如果一个评价区域内的不同部分地质与生产技术条件差异过大，如一个工作面的范围为 2 000 m×200 m，前 100 m×200 m 范围指标值均很高（强冲击危险），而其他 1 900 m×200 m 的区域指标却很低（无冲击危险），如果将工作面定为“强冲击危险”似乎不合理。但是，能够出现这样结果的原因，一定是前 100 m 与其余部分在地质条件或者生产技术因素上有重大差异，不然不会出现跨越两个及以上的危险等级。此时，可以将评价区域根据实际划分为不同的单元进行评价，这两个单元形成独立的防治冲击地压单元，进行独立管理。但是不能将整个区域平均划为“中等冲击危险”。

二、多因素耦合分析法

多因素耦合分析法是分析冲击地压主要影响因素的叠加作用，详细评定不同开采区域的冲击地压危险等级，用于指导冲击地压危险预测和防治工作，主要适用于工作面回采和巷道掘进期间的冲击危险性分析。

这种方法需首先判断评价区域是否具有冲击地压危险，若评价区域具有冲击地压危险，根据评价区域实际情况对各个因素进行危险等级划分，叠加各个因素的危险等级，根据叠加结果预测该区域的最终危险等级。

影响冲击地压危险的因素包括：落差大于 3 m、小于 10 m 的断层区域；煤层倾角剧烈变化（大于 15°）的褶曲区域；煤层侵蚀与合层或厚度变化区域；顶底板岩性变化区域；上保护层开采遗留的煤柱下方区域；落差大于 10 m 的断层或断层群附近区域；向采空区推进的工作面接近采空区区域；“刀把”形等不规则工作面或多个工作面的开切眼及停采线不平齐等区域；巷道交叉区域；沿空巷道煤柱区域；工作面超前支承压力影响区域；基本顶初次来压附近区域；工作面采空区“见方”区域；留底煤的影响区域和采掘扰动区域等。

多因素耦合分析法的危险等级也分为无冲击危险、弱冲击危险、中等冲击危险和强冲击危险。表 2-8 为多因素耦合分析法预测判别表。

表 2-8　多因素耦合分析法预测判别表

序号	影响因素	因素说明	区域划分	危险等级
1	W_1	落差大于 3 m、小于 10 m 的断层区域	前后 20 m 范围	强
			前后 20～50 m 范围	中等
2	W_2	煤层倾角剧烈变化（大于 15°）的褶曲区域	前后 10 m 范围	中等
3	W_3	煤层侵蚀与合层或厚度变化区域	前后 10 m 范围	强
			前后 10～20 m 范围	中等
4	W_4	顶底板岩性变化区域	前后 50 m 范围	强
			前后 50～100 m 范围	中等
5	W_5	上保护层开采遗留的煤柱下方区域	煤柱下方及距离煤柱水平距离 30 m 范围	强
			距离煤柱水平距离 30～60 m 范围	中等
6	W_6	落差大于 10 m 的断层或断层群区域	距离断层 30 m 范围	强
			距离断层 30～50 m 范围	中等
7	W_7	向采空区推进的工作面	接近采空区 50 m 范围内	强
			接近采空区 50～100 m 范围内	中等
			接近采空区 100～200 m 范围内	弱
8	W_8	“刀把”形等不规则工作面或多个工作面的开切眼及停采线不对齐等区域	拐角煤柱前后 20 m 范围	强
9	W_9	巷道交叉区域	“四角”交叉前后 20 m 范围	强
			“三角”交叉前后 20 m 范围	中等
10	W_{10}	沿空巷道煤柱	区段煤柱宽 6～10 m 时	中等
			区段煤柱宽 10～30 m 时	强
			区段煤柱宽 30～50 m 时	中等
11	W_{11}	工作面超前支承压力区	工作面煤壁超前 0～50 m 范围	强
			工作面煤壁超前 50～100 m 范围	中等
			工作面煤壁超前 100～150 m 范围	弱
12	W_{12}	基本顶初次来压	前后 20 m 范围	中等
13	W_{13}	工作面采空区“见方”区域	单工作面初次“见方”前后 50 m 范围	强
			多工作面初次“见方”前后 50 m 范围	强
			单或多工作面周期“见方”前后 20 m 范围	中等

表 2-8(续)

序号	影响因素	因素说明	区域划分	危险等级
14	W_{14}	留底煤区域	底煤厚度不大于 2 m 时	弱
			底煤厚度大于 2 m 时	中等
15	W_{15}	采掘扰动区域	—	强
说明	1. 经综合指数法评价为无冲击危险的，不需进行分区分级划分； 2. 多个“强”等级叠加或“强”等级与其他等级叠加时，定为“强”等级； 3. 1 个“中等”等级与 1 个或多个“弱”等级叠加时，定为“中等”等级； 4. 2 个及以上“中等”等级叠加时，定为“强”等级； 5. 2 个及以上“弱”等级叠加时，定为“弱”或“中等”等级			

第三节　冲击危险区域划分

通过分析评价区域影响冲击危险的主要地质因素和开采技术条件因素，叠加不同区段冲击危险等级，划分出不同等级的危险区域。

一、划分采煤工作面的冲击危险区域

（一）工作面覆岩运动影响区域

1. 基本顶初次破断阶段

通常认为，工作面开采过程中，直接顶初次垮落期间，工作面压力较高，且煤层强度越高，发生冲击地压的可能性越大。基本顶初次来压期间可能出现较大的震动，支架明显增阻。一般将基本顶初次来压前后 20 m 范围的冲击危险等级划分为中等冲击危险。

2. “见方”破断阶段

当工作面推进到与采空区形成正方形区域时，即“见方”阶段，采空区上覆顶板稳定性显著降低，岩层断裂、运动加剧，易形成大范围顶板运动，导致高强度动载，冲击危险性增大，易形成顶板型冲击地压，工作面“见方”区域应当作为重点防治冲击地压区域。一般将单工作面或多工作面初次“见方”前后 50 m 范围划为强冲击危险区。单个或多个工作面周期“见方”前后 20 m 范围划为中等冲击危险区。

（二）工作面地质构造影响区域

工作面地质构造是诱发冲击地压危害的主要因素之一，在向斜轴部和断层附近会造成煤岩局部应力集中，从而可能诱发冲击地压灾害。

当工作面临近断层时，工作面和断层间的煤柱会产生较高的应力集中，积聚大量的弹性能，随着工作面与断层距离的缩小，积聚的能量会不断增加，冲击危险性增大。一般将落差大于 3 m、小于 10 m 的断层区域前后 20 m 范围划为强冲击危险区，前后 20～50 m 范围划为中等冲击危险区。落差大于 10 m 的断层或断层群区域前后 30 m 范围划为强冲击危险区，前后 30～50 m 范围划为中等冲击危险区。

褶皱是岩层或岩层组合在顺层作用的水平载荷挤压作用下发生缓慢变形的结果。当巷道接近向斜轴部区域时，冲击地压危害发生的频次明显上升，而且强度加大，褶皱不同区域的受力状态如图 1-4 所示，冲击地压危险分布规律如图 2-4 所示。

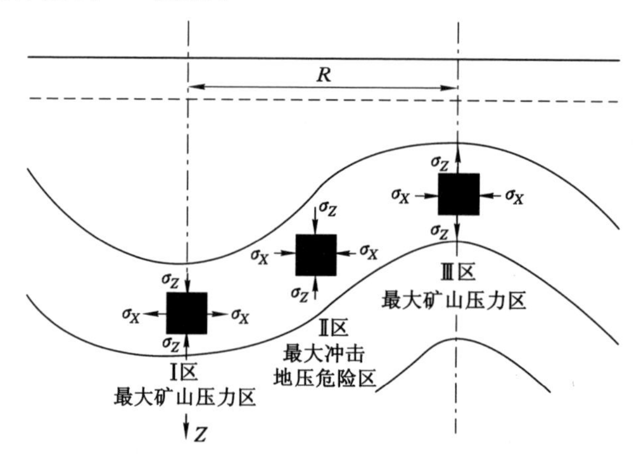

图 2-4　褶皱区域冲击地压危险分布规律

Ⅰ区，褶曲向斜，垂直为压应力，水平为拉应力，最易出现冒顶和冲击地压；Ⅱ区，褶曲翼部，垂直和水平均为压应力，最易出现冲击地压；Ⅲ区，褶曲背斜，垂直为拉应力，水平为压应力，最大矿山压力区域。

一般将煤层倾角剧烈变化(大于 15°)的褶曲区域前后 10 m 范围划为中等冲击危险区。

（三）停采线影响区域

当采煤工作面回采至设计停采线处时，前方工作面两巷及回撤巷将受到超前支承压力的影响，产生较高的应力集中区，易诱发冲击地压，一般将停采线后方 50 m 范围内的巷道定为强冲击危险区。

（四）巷道交叉、拐弯影响区域

在巷道交叉、拐弯位置区域容易形成应力集中，是易发生冲击地压的区域，冲击危险性较大。一般将巷道交叉中心前后 20 m 范围划分为弱冲击危险区。

（五）区段煤柱影响区域

一般将 6～10 m 区段煤柱划为弱冲击危险区，将宽度 10～30 m 的区段煤柱划为强冲击危险区，将 30～50 m 的区段煤柱划为中等冲击危险区。

（六）工作面开切眼和停采线外错影响区域

由于工作面开切眼或者停采线外错布置，拐角附近极易造成局部应力集中，冲击危险程度急剧升高。一般将拐角附近 20 m 范围划分为中等危险区。

按照上述原则，分别将采煤工作面两巷道从开切眼处向停采线处分区段列出影响因素，叠加冲击危险性，划分出采煤工作面冲击危险区。

二、划分掘进工作面的冲击危险区域

地质构造影响与影响采煤工作面的因素相同。除此之外，还应考虑煤层厚度变化、巷道交错、底煤厚度等。

冲击危险程度与煤层厚度变化密切相关。在煤层厚度突然变薄或者变厚处，因支承压力升高，往往易发生冲击地压。煤层厚度变化越大，冲击地压发生越频繁、越强烈。

巷道拐角或交叉（“三角”交叉或者“四角”交叉）区域易形成一定程度的应力集中，发生冲击的可能性较大。一般将“四角”交叉前后 20 m 范围划分为强冲击危险区，“三角”交叉前后 20 m 范围划分为中等冲击危险区。

巷道留底煤，在动静载耦合作用下易发生底煤失稳破坏，诱发底鼓冲击，在掘进过程中冲击危险性较高。一般将底煤厚度不大于 2 m 区域划分为弱冲击危险区，底煤厚度大于 2 m 区域划分为中等冲击危险区。

按照上述原则，将掘进工作面从开切眼处向巷道开口处分区段列出影响因素，叠加冲击危险性，划分出掘进工作面冲击危险区域。

第三章　冲击地压监测预警

由于发生冲击地压的时间、地点、区域、震动能量等难以精确预测，监测冲击地压工作极为困难，这也是目前亟待解决的世界性难题。目前的监测方法从监测的空间范围上分，主要有区域监测和局部监测。区域监测主要采用微震监测技术，局部监测主要采用地音监测、电磁辐射监测、钻屑法监测、应力在线监测和弹性震动波 CT 透视监测。

第一节　微震监测

微震是煤（岩）体破裂的萌生、发展、贯通等失稳过程的一种动力现象。

在矿山开采过程中，微震的发生有天然微震及由采矿引发的微震两种，震动能量集中在 10^2～10^{10} J，对应里氏震级 0～4.5 级；震动频率低，为 0～150 Hz；影响范围大，从几百米到几千米，甚至上万米。

监测到的微震活动被称为微震事件，一个微震事件包含微震活动发生的时间、地点及剧烈程度等信息。

一、微震监测技术原理

（一）微震监测技术

微震监测技术是利用井下微震网络，实时监测煤（岩）体受力变形和破坏后本身发射出的地震波，判断震源的位置和发生时间，确定一个微震事件，计算出释放的能量。通过统计微震活动的强弱和频率等信息，结合微震事件的分布判断潜在的冲击地压规律，实现危险性预警。

（二）震源定位

微震事件发生的物理过程是很复杂的。实际表明，震源并非一个几何点，而是有一定尺寸的空间范围。微震的发生也并非一个时间点，而是有一个时间过程。研究表明，震源处的煤（岩）体破裂过程，虽然不是爆发于某一点、某一瞬间，却是从某一点开始，向单侧或双侧发展，释放出巨大的破坏能量。从研究煤矿冲击地压的角度，可以把震源看成破坏最严重的小小区域的几何中心点，把震源开始破裂的时间看成发震时间，这种“点源模型”有效反映了震源的主要特征。

表征震源的参数主要有震动发生空间位置和震动发生时间。最常用的震源定位基本原理如下所述：

1. 已知条件

在空间直角坐标系中，各拾震器的坐标为 $x_i, y_i, z_i (i = 1,2,\cdots,8)$，各通道微震活动初至时刻为 $T_i (i = 1,2,\cdots,8)$。

2. 求解震源参数

$$s_0 = [x_0, y_0, z_0, T_0]T$$

3. 基本公式

空间距离方程：

$$D_i = [(x_0 - x_i)^2 + (y_0 - y_i)^2 + (z_0 - z_i)^2]^{\frac{1}{2}} (i = 1,2,\cdots,8) \tag{3-1}$$

时间距离方程：

$$D_{t_i} = V_i (T_i - T_0) \ (i = 1,2,\cdots,8) \tag{3-2}$$

式中　D_i——震源与第 i 个拾震器的空间距离；

D_{t_i}——微震波从震源到第 i 个拾震器的时间距离；

V_i——微震波从震源到第 i 个拾震器的当量速度；

x_i, y_i, z_i, T_i——拾震器的空间坐标和波动初至时刻；

x_0, y_0, z_0, T_0——震源的空间坐标和发震时刻。

4. 基本原理

现以等速度模式 $V_i = V$（V 已知）的简化情况为例，说明微震系统的初步定位原理。

设微震波到达各拾震器的顺序为 1，2，…，8，联立式(3-1)和式(3-2)则得到 8 个方程：

$$(x_0 - x_i)^2 + (y_0 - y_i)^2 + (z_0 - z_i)^2 = V_i^2 (T_i - T_0)^2 \quad (i = 1,2,\cdots,8) \tag{3-3}$$

取 $z_0 = z_1$，用第 i 个方程减第一个方程，得到以下线性方程：

$$V^2 (T_i^2 - T_1^2) - 2V^2 T_0 (T_i - T_1) + (x_1^2 - x_i^2) + (y_1^2 - y_i^2) + (z_1^2 - z_i^2) + 2x_0 (x_i - x_1) + 2y_0 (y_i - y_1) + 2z_0 (z_i - z_1) = 0 \tag{3-4}$$

采用二乘法可得以下正规方程组，方程的个数与未知数个数相等，即

$$A_{j1}X_0 + A_{j2}Y_0 + A_{j3}T_0 + B_j = 0 \quad (j = 1,2,3) \tag{3-5}$$

其中，$A_{ji} = \sum_{k=2}^{8} a_{ki}a_{kj}$；$B_{ji} = \sum_{k=2}^{8} a_{ki}b_k$，$a_{ki}$、$a_{kj}$、$b_k$ 为原始方程组中未知数的系数。

由此可以确定震源的初步定位参数。

（三）拾震器的布置

微震拾震器一般布置于井下专用硐室中，在坚实岩体上施工混凝土基座，拾震器放在基面上构成测站。拾震器接收信号是有方向性的，可以按垂直或水平不同方向布置。通常情况下，应该充分利用微震系统的16个探头组成监测网。

合理布置拾震器的位置有两个目的，一是提高定位精度，二是尽量获取有用信息，减少干扰。

1. 监测网布置原则

（1）监测网在空间上应包围待测区域，避免形成直线或二次曲线，并有足够且适当的密度。

（2）测站尽可能接近待测区域，避免大断层或破碎带的影响，同时也要远离机械和电器干扰。

（3）按监测环境与检测要求选择拾震器监测方向。

（4）既要照顾当前开采区域，又要考虑未来一段时期的开采活动。

（5）尽量利用通风可靠的现有巷道或硐室，避开开采活动影响，减少施工、通风及维护费用。

2. 监测网选择计算

监测网选择计算的依据是重点监测范围、可能的测站布置、可能的波速误差和测量误差范围。计算方法是对可能的测站位置进行组合，按误差最小选取最优组合作为监测网测点。

（四）波速参数的配置

选择最佳波速参数，是提高震源定位精度的主要措施之一。

为了计算震源位置，微震监测系统常采用简化的变速度场模型。其实质是假定速度是传播距离的函数，并以6个点组成的5段折线来表示这种关系，同时假定速度为拾震器的比例函数，并以8个速度系数来描述比例关系，波速参数的选择就是寻找最佳的速度距离曲线和波速系数。

常采用最小二乘法，以定位误差平方和为目的函数，根据已知坐标的

冲击地压情况，计算出最佳波速参数。目的函数的形式如下：

$$R(x_1,x_2,x_3,x_4)=\sum_{k=1}^{m} f_k^2(x_1,x_2,x_3,x_4) \tag{3-6}$$

式中　$R(x_1,x_2,x_3,x_4)$——目的函数；

x_1,x_2,x_3,x_4——未知数，微震事件待求解参数；

$f_k^2(x_1,x_2,x_3,x_4)$——定位误差。

（五）能量参数计算

1. 微震事件的能量

微震发生的过程也就是煤（岩）体所积蓄的应变能释放的过程，这种在微震发生过程中所释放的能量为微震总能量，它主要由以下几部分组成。

在震源破裂区，由于断裂两侧的摩擦及附近岩石破坏而消耗的一部分能量，称为摩擦能量 $E_{摩}$。

在塑性变形区，由于塑性变形而消耗掉的能量，称为 $E_{塑}$。

在弹性变形区，一部分能量产生弹性变形，称为 $E_{弹}$，这部分能量将以弹性波的形式传播出去，因此也称为震动波能量。

微震发生后，在新的力学平衡中还有剩余变形，因此存在剩余变形能 $E_{剩}$。

因此，总能量为：

$$E_{总}=E_{摩}+E_{塑}+E_{弹}+E_{剩} \tag{3-7}$$

由于弹性能 $E_{弹}$ 可以方便地从微震信号中得到估计值，因此一般计算出弹性能 $E_{弹}$ 后，再根据经验公式 $E_{总}=K\times E_{弹}$ 进行计算。

通常所说的震动能量，就是指震动波所携带的能量，我国习惯用微震震级来表示震动能量。

2. 以震动持续时间计算微震能量

该方法的建立基于研究地震观测中发现的一个重要现象，即对同一事件，当各通道的放大倍数等参数相对稳定时，各通道所记录的震动持续时间也较稳定。同时，地震的强度越大，震动持续时间越长；反之，震动持续时间越短。震动的持续时间几乎与震源距离无关。

依据这种现象，建立了微震能量与持续时间的关系：

$$\lg E=a+b\lg T+c(D) \tag{3-8}$$

式中　E——微震事件能量；

T——震动持续时间；

a,b——待定系数；

$c(D)$——待定函数。

监测结果表明，当震源距离不太大时，$c(D)$变动不大，远小于前两项，因而上式也可写成：

$$\lg E = a + b\lg T \tag{3-9}$$

为了确定待定系数 a 和 b，需进行一系列的观测，以积累若干次微震的 E、T 数值，并应用数理统计方法进行分析。

用震动持续时间反映微震能量，不仅简便而且不依赖振幅、频率等动力学参数，但上述关系是基于统计结果，准确性会受到一定影响。

（六）微震信号活动规律

1. 划定微震活动带

强度较大的冲击地压一般与坚硬顶板的剧烈活动有关，大的构造断裂带活动也会造成强度较大的冲击地压。判断顶板（以至全部上覆岩层）的活动、构造断裂带的活动区域，是预测冲击危险趋势的主要内容。因此，微震监测必须测定微震震源位置、震级，再根据震源分布特点以及相应的地质构造形迹，分析划定微震活动带。

2. 微震活动在空间分布上的迁移性

微震事件随着时间而有序地沿某一开采活动或构造断裂带活动，或交替出现，这种现象称为震中迁移。震中迁移是由顶板活动、断层活动的连续性决定的。一个区域的顶板或断层带释放能量以后，与之相应的其他区域顶板或断层应力场在调整过程中也会发生相应的冲击震动。据此迁移规律，可以推测未来大的微震发生的地点。较大微震发生前，小微震活动的空间分布一般呈现出从零乱变为有规律的分布。由于各区域地质构造条件、开采条件和微震能量累积状况不同，小微震的分布形式也会有所不同。

3. 强度较大微震活动区域的重复性和填空性

微震事件活动具有区域重复性。据研究，强度越大的微震，在原地重复的现象似乎越少。所谓填空性即大事件发生在小事件空白边缘区。强度越大的微震，则形成的空白空间范围越大、时间越长。这种现象可以从能量释放的时空均匀性得到解释。

4. 微震小事件震中分布面积的变化与微震大事件震级、位置的关系

微震小事件的活动范围反映了大的断裂活动前的微破裂过程，根据小微震活动面积的变化，可以反映岩层内部应力的变化，也可以推断较大微震活动的发展过程。微震活动一般与采动地点相关，采动范围的分布和进展相应地影响着微震活动范围。因此，应结合采动实际分析微震与

冲击地压的关系。

5. 微震序列

微震活动的序列现象已被现场观察与记录所证实。例如，发生大的冲击地压前往往发生一系列由小变大的冲击地压。在大的冲击地压发生后，又有一系列的较小的剩余能量释放过程。一般把微震序列分为主震、震群、孤立震等类型，并据此研究作用力源、岩层物理力学性质、地质构造条件与序列的关系。

二、微震监测系统

微震监测系统的主要功能是实时监测全矿井范围的微震事件，自动记录微震活动，实时定位震源和计算微震能量，为评价全矿井范围内的冲击地压危险提供依据。其基本原理是根据各拾震器接收到震动波在时间上的差异，在特定的波速场条件下计算震源位置及起震时间，利用震动持续时间计算震动释放的能量，并相应地标记在采掘工程平面图中，也可以在生产指挥系统中显示。

（一）系统组成

微震监测系统由微震传感器、信号采集系统、信号传输系统、时间同步系统和数据分析系统组成(图 3-1)。

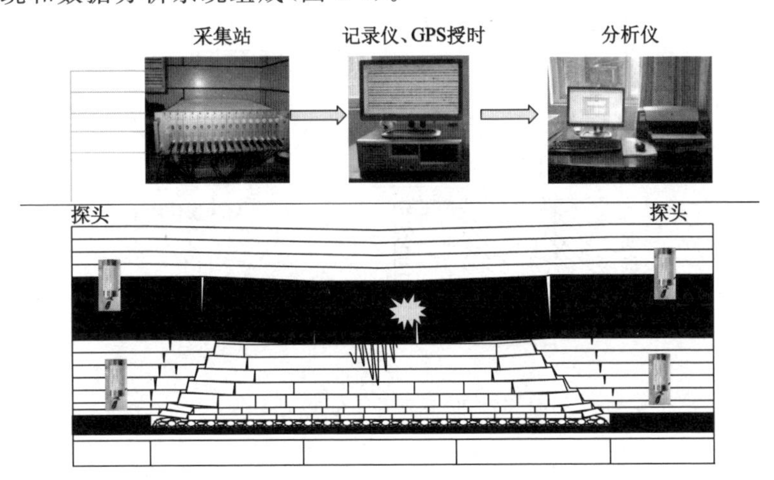

图 3-1 微震系统组成

微震传感器(也称拾震器、探头)：频率响应范围应涵盖 0.1～600 Hz。

信号采集系统：能采集和记录微震相关信息，包括微震波形和时间等相关信息，采样频率不低于 500 Hz，能实现远程不间断运行，系统时间与标准时间偏差不大于±8 ms。

信号传输系统：通过地面监控室计算机实现井下微震相关信息数据的远程、实时、动态和自动传输。

时间同步系统：具备独立、统一的同步授时模式，在时间上同步记录各微震传感器上的微震波形，各微震传感器时间同步精度小于 1 μs。

数据分析系统：具有微震波形信号分析处理功能，可以对微震波形数据进行人机交互处理分析，计算并保存微震事件发生的时间（准确到秒）、能量和震源的三维空间坐标（x,y,z），震源平面定位误差不大于±20 m，垂直定位误差不大于±50 m。具有查询、分析微震信息数据库，并显示查询、分析结果等功能，也可在矿井采掘工程平面图上自动标记显示微震事件功能。

系统安装完成后，先由井下安装在巷道底板中的微震传感器收集岩体的震动速度信号，并转化为电信号通过电缆传输到地面主站，信号采集站对信号进行采集、放大和转换。当震动发生时，依据软件中设置的参数，记录仪系统会自动记录并保存此信号，记录的信号是进行矿震定位和能量计算的信息源。传感器井下安装结构图如图 3-2 所示。

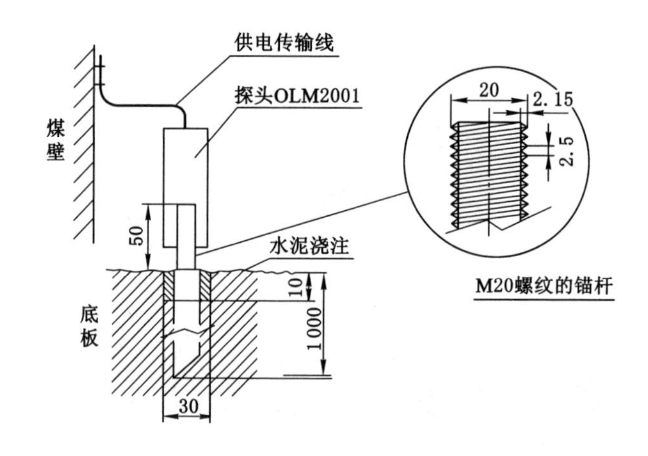

图 3-2　传感器井下安装结构图

（二）系统布置原则

（1）拾震器应尽量包围监测区域和外围有冲击危险的在用巷道，严禁沿一条线布置。在无法实现包围的区域如矿井边缘的工作面，应将拾震器菱形布置于工作面两侧巷道。

（2）监测区域应有 4 个以上拾震器覆盖，最佳状态为 5 个以上，以确保某一拾震器在出现干扰过大或故障时，仍能保持对微震事件的监测。

(3) 拾震器要安装在岩性坚硬的位置，也可直接放置在巷道内，当条件具备时拾震器最好布置在硐室内，以减少巷道内人、车辆经过或作业时对拾震器的影响，硐室大小以满足台站设置为宜。

(4) 拾震器安装点周围噪声应较低。背景噪声越低，拾震器接收震动波的距离越远，定位软件拾取 P 波初至点越准确。

三、冲击危险性判定指标

(一) 指标构成

微震频度和微震总能量是主要判别指标，微震能量最大值等为辅助判别指标。

(二) 指标临界值

1. 临界值的确定

首先，在评价的基础上，参考邻近相似条件的矿井和工作面，确定判别指标初值。

其次，在初值应用的基础上，结合钻屑法、应力在线监测法和矿压法等局部监测结果，统计分析无冲击地压危险发生条件下微震监测指标最大值，以该最大值作为判别指标临界值。

2. 临界值的调整

矿井接续到新采区或新采煤工作面后，在评价的基础上，应重新确定判别指标初值和临界值。

(三) 判别方法

1. 绝对值法

当微震频度、微震总能量或微震能量最大值等达到或超过临界指标时，说明冲击地压危险增大。

2. 趋势法

出现下述情况时，说明冲击地压危险增大：

(1) 微震频度和微震总能量连续增大；

(2) 微震频度和微震总能量发生异常变化；

(3) 微震事件向局部区域积聚。

冲击地压微震监测方法为区域性监测手段，主要起到趋势性判别的作用。对局部区域冲击地压危险的判别，应结合冲击地压局部监测结果如钻屑量、应力在线监测、电磁辐射、地音和矿压等进行综合判别。

一般情况下，采掘工作面微震监测预警的初始指标分为 A、B、C、D 四类，具体指标如表 3-1 所列。

表 3-1　冲击地压危险的微震监测预警指标

危险状态	工作面	掘进巷道
A 无危险状态	1. 一般：$10^2 \sim 10^3$ J； 2. $\sum E < 1 \times 10^4$ J/d	1. 一般：$10^1 \sim 10^2$ J； 2. $\sum E < 1 \times 10^3$ J/d
B 弱冲击危险状态	1. 一般：$10^3 \sim 10^4$ J； 2. $\sum E < 1 \times 10^5$ J/d	1. 一般：$10^2 \sim 10^3$ J； 2. $\sum E < 1 \times 10^4$ J/d
C 中等冲击危险状态	1. 一般：$10^4 \sim 10^6$ J； 2. $\sum E < 1 \times 10^7$ J/d	1. 一般：$10^3 \sim 10^4$ J； 2. $\sum E < 1 \times 10^5$ J/d
D 强冲击危险状态	1. 一般：$10^6 \sim 10^7$ J； 2. $\sum E < 1 \times 10^8$ J/d	1. 一般：$10^4 \sim 10^5$ J； 2. $\sum E < 1 \times 10^6$ J/d

四、微震监测系统布置实例

某矿开采侏罗系中下统延安组 4 煤层，二、三盘区煤层埋藏深度 890～992 m，4 煤层具有强冲击倾向性，顶底板岩层具有弱冲击倾向性，4 煤层评价具有强冲击危险性。井下布置一个 204 综采放顶煤采煤工作面，205 两个煤巷掘进工作面，西区大巷 3 个岩巷掘进工作面，其微震监测系统布置如图 3-3 所示，微震探头布置基本覆盖了矿井的采掘活动区域。

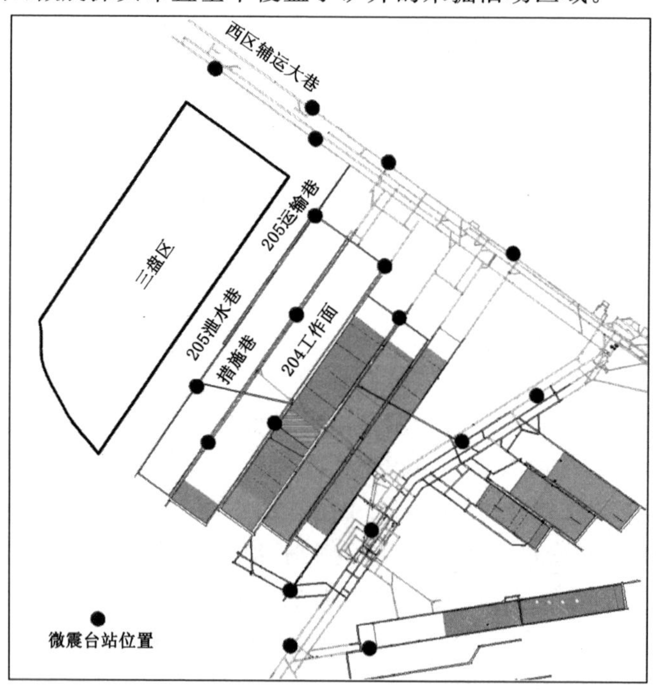

图 3-3　微震监测系统测站布置示意图

第二节　地 音 监 测

地音是煤岩体破裂释放的能量，以弹性波形式向外传递过程中所产生的声学效应。在矿山，地音是由地下开采活动诱发的，其震动能量一般小于 100 J，频率大于 150 Hz。与微震现象相比，地音为一种高频率、低能量的震动。研究表明，地音是煤岩体内应力释放的前兆，利用地音现象与煤岩体受力状态的关系，可以监测到局部范围内未来几天可能发生的动力现象。

一、地音监测技术原理

地音监测就是利用井下的监测网络进行实时监测，其监测区域一般集中在主要生产空间(主要包括采煤工作面和掘进工作面)。其技术原理是通过传感器(探头)接收煤岩体破裂信号，通过信号采集器将接收到的信号进行处理，最后得到表征破裂事件强度的能量和一段时间内的地音次数。地音监测方法侧重的是破裂事件的变化，即地音事件偏差值，并以此为根据对工作面的冲击危险性进行评价，并给出冲击危险等级和相应的对策。

地音监测的理论基础是基于损伤与地音的内在关系。损伤是指存在于材料内部的各种缺陷，损伤力学就是利用宏观变量来研究微观变化对材料性质的影响。岩石是一种复杂的自然地质体，在各种外界载荷和外界环境的作用下，内部含有各种各样的缺陷，在力的作用下这些缺陷将发生成核、扩展、贯通，甚至闭合。地音是材料变形时，局部微破裂产生的一种应力波，它与材料内部的缺陷及这些缺陷的形成过程有关。冲击地压发生的过程，本质上就是煤岩体内部缺陷损伤演化到发生大规模突然破坏的过程，同时产生大量的地音事件。利用损伤力学的观点将有助于人们对冲击地压孕育机理的认识。

地音是岩石破坏过程中产生的震动脉冲，与岩石内部的微裂纹或缺陷直接相关。损伤是岩石内部微裂纹或缺陷扩展的结果，它与岩石内部缺陷的演化直接相关，因此，损伤与地音之间有必然的因果关系。监测地音的实质是一种统计分布规律，因此可以建立起统计损伤与地音的关系。

若岩石单位面积微元破坏时的声发射用 η 来表示，则单位面积 dA 破坏时的地音事件数 $d\Omega$ 为：

$$d\Omega = \eta dA \tag{3-10}$$

当整个截面 A_0 破坏时的地音累积量为 Ω_0，则 η 可表示为：

$$\eta = \Omega_0 / A_0 \tag{3-11}$$

将产生应变 d_E 时所对应的破坏截面 dA 表示为：

$$dA = A_0 \Phi(E) d_E \tag{3-12}$$

式中 $\Phi(E)$ ——微元强度的统计分布函数。

$\Phi(E)$服从 Weibull 分布形式，即：

$$\Phi(E) = \frac{m}{a} \varepsilon^{m-1} \exp(-\frac{\varepsilon^m}{a}) \tag{3-13}$$

式中 m,a——常数。

将式(3-11)～式(3-13)代入式(3-10)并积分得：

$$\frac{\Omega}{\Omega_m} = \frac{m}{\varepsilon_0} \int \left\{ \left(\frac{x}{\varepsilon_0} \right)^{m-1} \exp\left[\left(-\frac{x}{\varepsilon_0} \right)^m \right] \right\} dx = 1 - e^{-\left(\frac{\varepsilon}{\varepsilon_0}\right)^m} \tag{3-14}$$

从而可以得到由地音累积 Ω 值表示的岩石累积表达式，即：

$$\sigma = E_E \left(1 - \frac{\Omega}{\Omega_0} \right) \tag{3-15}$$

式(3-15)表明了地音累积是岩石损伤程度的直接反映。

综上所述，可以通过监测得到的地音特征来推断岩石变形破坏情况。对一个既定的煤岩系统来说，地音的能量水平的高低及其变化规律往往对应着煤岩的不同破坏阶段。由此可见，煤岩体在采掘活动的影响下产生不同的地音强度，与煤岩体的破坏状态有着密切的关系。通过监测井巷采场附近煤岩体的地音情况，就可能了解冲击地压的孕育和发展过程。也就是说，在有冲击地压危险的矿井，地音活动中包含了冲击地压的前兆信息。

二、地音监测系统

（一）系统组成（以 ARES-5/E 地音监测系统为例）

地音监测系统由地面中心站、信号发射器和地音监测探头组成，系统结构图如图 3-4 所示。

ARES-5/E 地面中心站主要由信号接收模块、信号处理模块、TRS-2 安全变压器及 SR15-150-4/11 I 供电装置组成。其功能是接收发射器发送的信号，经过数字化处理及分类统计后，将数据发送到 OCENA_WIN 软件进行分析。

N/TSA-5.28/E 发射器的功能是接收 SP-5.28/E 地音监测探头监测到的信号，经过放大、过滤处理后，通过通信电缆传输至地面中心站。

SP-5.28/E 地音监测探头的功能是实时监测震动信号，并将数据发

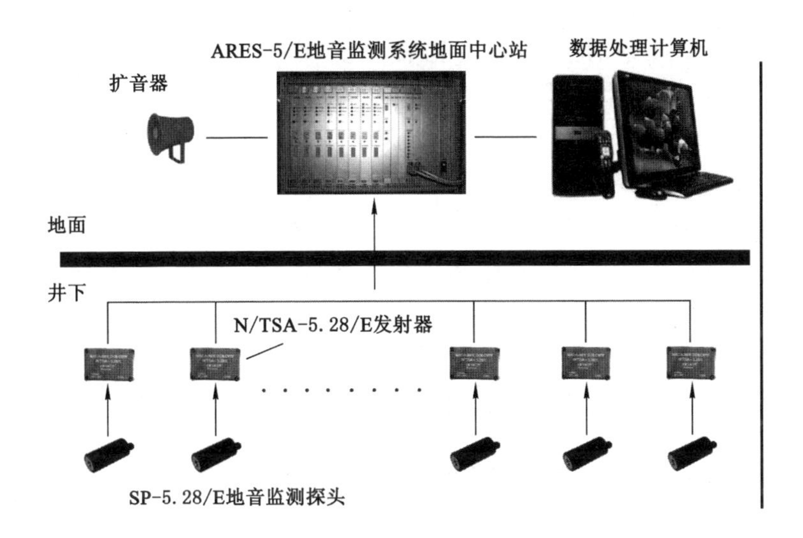

图 3-4　ARES-5/E 系统结构图

送至发射器。

（二）系统布置原则

1. 监测地点

采动应力影响范围内的回采巷道或掘进巷道是需要重点监测的特定范围。回采巷道一般超前工作面 30～200 m，掘进巷道一般滞后掘进迎头 20～120 m。

2. 传感器（探头）安装

地音传感器安装在不小于 ϕ20 mm 的帮锚杆露头位置，锚杆深入煤体内的长度不得小于 2.0 m，锚固长度不小于锚杆长度的 80%，锚杆露出煤岩体的长度为 0.2 m，如图 3-5 所示。

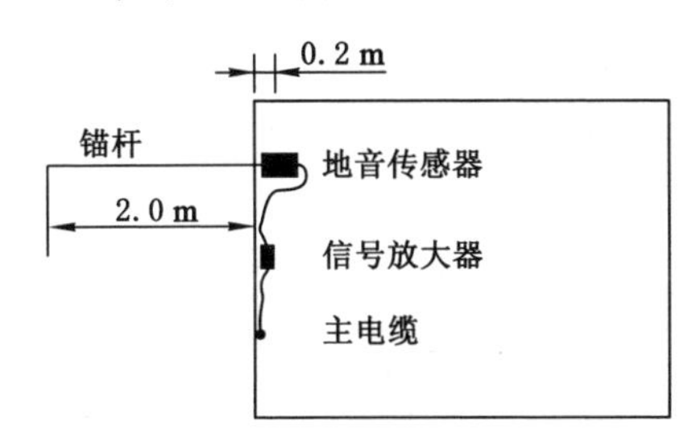

图 3-5　地音传感器安装示意图

安装在锚杆露头处的地音传感器应用吸声材料(比如海绵、毛毡等)密封,避免安装地音传感器的锚杆与金属网等金属材料接触。用重3.5 kg的锤头在距离地音传感器20～50 m的锚杆上进行不少于3次敲击,一般抡锤高度为0.3～0.5 m,如果能够接收到所有敲击测试信号,说明地音传感器安装合格。

同一监测范围布置地音传感器数量不得少于2个,相邻地音传感器间距为100 m。地音传感器距离采煤工作面不得小于30 m,距离掘进迎头不得小于20 m。

采煤工作面距离最近的传感器小于30 m时,将该地音传感器移到最远传感器前方,地音传感器间交替向前移动,如图3-6所示。

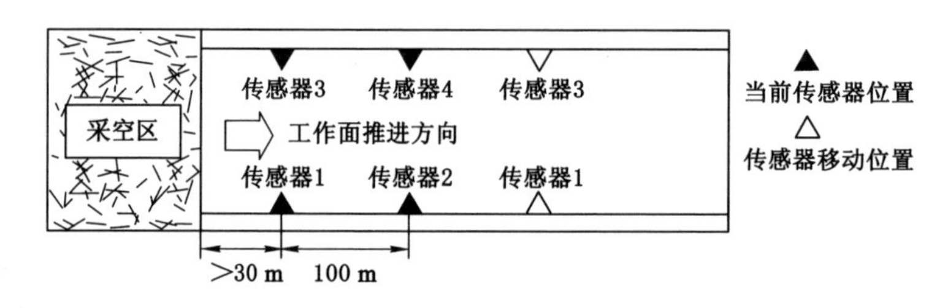

图3-6　回采巷道地音传感器安装及移动示意图

掘进迎头距离最近的地音传感器大于120 m时,将最远的地音传感器移到该传感器前方,地音传感器交替向前移动,如图3-7所示。

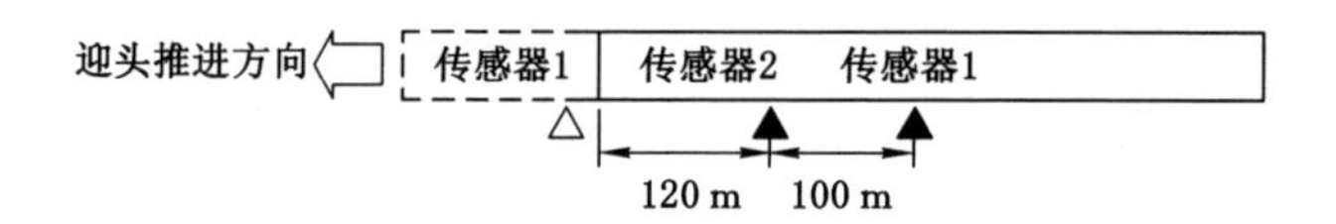

图3-7　掘进巷道地音传感器安装及移动示意图

三、冲击危险性判别指标及判定方法

根据煤矿劳动组织形式(“三八制”或“四六制”)确定每个班次的时间段,以单位时间内(小时、班次)地音的能量变化率和频次变化率作为冲击危险性判别指标。

(一)以班为单位的冲击危险性判别指标

1. 班频次变化率 A_a

地音的班频次变化率 A_a 按下式计算:

$$A_a = \left| \frac{N_i - \overline{N_i}}{\overline{N_i}} \times 100\% \right| \tag{3-16}$$

$$\overline{N_i} = \frac{1}{10}\sum_{i=1}^{10} N_i \tag{3-17}$$

式中　N_i——当天第 i 班的地音频次,“三八制”时,$i \leqslant 3$,“四六制”时,$i \leqslant 4$;

$\overline{N_i}$——前 10 d 第 i 班的地音频次的平均值。

2. 班能量变化率 A_e

地音的班能量变化率 A_e 按下式计算:

$$A_e = \left| \frac{E_i - \overline{E_i}}{\overline{E_i}} \times 100\% \right| \tag{3-18}$$

$$\overline{E_i} = \frac{1}{10}\sum_{i=1}^{10} E_i \tag{3-19}$$

式中　E_i——当天第 i 班的地音能量(J),“三八制”时,$i \leqslant 3$,“四六制”时,$i \leqslant 4$;

$\overline{E_i}$——前 10 d 第 i 班的地音能量的平均值,J。

3. 班地音预警指数 K_1

班地音预警指数 K_1 按下式计算:

$$K_1 = \max\{A_a, A_e\} \tag{3-20}$$

(二) 以小时为单位的冲击危险性判别指标

1. 小时频次变化率 B_a

地音的小时频次变化率按下式计算:

$$B_a = \left| \frac{N_{ij} - \overline{N_i}}{\overline{N_i}} \times 100\% \right| \tag{3-21}$$

$$\overline{N_i} = \frac{1}{n}\sum_{i=0}^{n} N_{ij} \tag{3-22}$$

$$n = 24/i \tag{3-23}$$

式中　N_{ij}——当天第 i 班第 j 小时的地音频次,“三八制”时,$i \leqslant 3$,“四六制”时,$i \leqslant 4$;

$\overline{N_i}$——前一天第 i 班的地音频次的平均值。

2. 小时能量变化率 B_e

地音的小时能量变化率按下式计算:

$$B_e = \left| \frac{E_{ij} - \overline{E_i}}{\overline{E_i}} \times 100\% \right| \tag{3-24}$$

$$\overline{E_i}=\frac{1}{n}\sum_{i=0}^{n}E_{ij} \tag{3-25}$$

$$n=24/i \tag{3-26}$$

式中　E_{ij} ——当天第 i 班第 j 小时（$j\leqslant n$）的地音能量(J)，“三八制”时，$i\leqslant 3$，“四六制”时，$i\leqslant 4$；

$\overline{E_i}$ ——前一天第 i 班的地音能量的平均值，J。

3. 小时地音预警指数 K_2

小时地音预警指数 K_2 按下式计算：

$$K_2=\max\{B_a,B_e\} \tag{3-27}$$

（三）冲击危险的判定方法

根据班/小时地音判别指标确定预警级别，共划分四个等级，按等级从低到高分别为 a 级、b 级、c 级和 d 级，判别指标见表 3-2。

表 3-2　冲击地压地音预警等级判别指标

预警指标	变化率
a 级	<0.25
b 级	0.25～<1.0
c 级	1.0～<2.0
d 级	≥2.0

如果上一个班结束时，监测范围内预警级别为 a 级和 b 级，则本班次只进行班预警等级辨别，否则需要进行小时预警等级辨别。当小时预警等级小于上一班结束时的班预警等级时，该小时预警等级取上一班结束时的班预警等级。

地音传感器的预警等级为该传感器两侧 50～100 m 范围内工作面或巷道的危险等级。

四、地音监测系统布置实例

某矿生产布局为一个 250102 采煤工作面，250103 回风巷和 250103 运输巷两个掘进工作面，主要监测区域及井下传感器在采煤工作面和掘进工作面的布置如图 3-8 所示，达到了地音监测系统的布置要求。

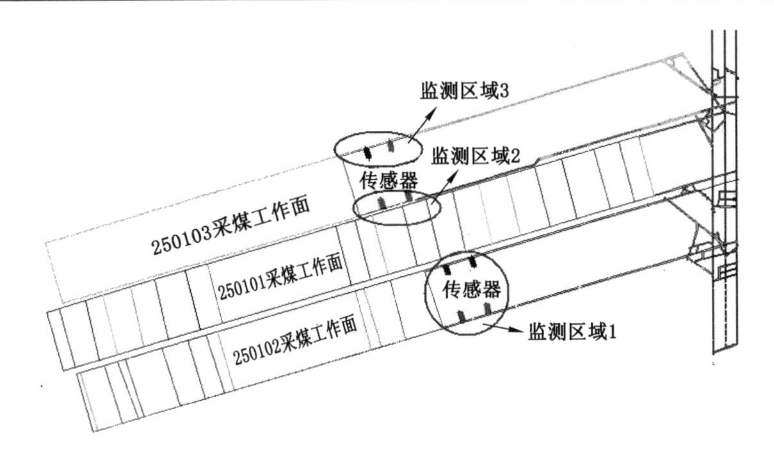

图 3-8　地音监测区域及传感器布置图

第三节　电磁辐射监测

电磁辐射是煤岩体等非均质材料在受载条件下发生变形破裂的结果,是由煤岩体各部分非均匀变速变形引起的电荷迁移和裂纹扩展过程中形成的带电粒子变速运动而形成的。

由于煤岩体的非均质性,在非均匀应力作用下,煤岩体各部分产生非均匀变速形变,引起内部电荷迁移,原来自由的和逃逸出来的电子由高应力区向低应力区或拉应力区迁移,在煤岩体表面聚集大量电荷,形成了库仑场(或准电磁场)。带电粒子的变速迁移产生了低频电磁辐射,随着应力的继续作用,煤岩体内产生裂纹,大量的自由电荷(电子)在裂纹尖端聚集,随着裂纹的非匀速扩展,开始发射电子,同时向外辐射电磁波与声发射。裂纹扩展后,裂纹局部煤体卸载收缩,在卸载的瞬时,裂纹尖端两侧附近区域煤岩体中电子浓度升高,形成库仑场。在该电场的作用下,发射出的电子加速运动,向外辐射大量电磁波。在电荷迁移过程中,运动的电荷碰撞周围介质分子或原子,使运动电荷减速,同样使介质分子或原子发生电离,也产生电磁辐射。煤岩体中应力越高,变形破裂过程越剧烈,电磁辐射信号越强。

一、电磁辐射监测技术原理

电磁辐射可用来预测煤岩体动力现象,其主要依据是监测电磁辐射强度和脉冲数。电磁辐射强度反映了煤岩体的受载程度及变形破裂强度,脉冲数反映了煤岩体变形及微破裂的频次。除此之外,电磁辐射还可用于监测煤岩动力灾害防治措施的效果，评价边坡稳定性，确定采掘工作面周围的应力应变，评价混凝土结构的稳定性等。

掘进或回采过程中，围岩原有力学平衡状态被打破，应力将向新的平衡状态转化，转化过程中必然发生变形或破裂，产生电磁辐射。电磁辐射的强度与煤岩体的应力状态有关，在煤岩体的低应力区（松弛区），电磁辐射信号较弱，变化较小。在应力集中区，煤岩体的变形破裂过程较强烈，电磁辐射信号较强，频率较高。因此通过监测煤体的电磁辐射信号强弱及其变化可以预测煤体的冲击危险程度。

煤岩体冲击、变形破坏的变形值 $\varepsilon(t)$、释放的能量 $w(t)$ 与电磁辐射的幅值、脉冲数成正比。冲击地压发生前的一段时间，电磁辐射值较高，之后的一段时间相对较低，但在这段时间内，如果其电磁辐射值均达到、接近或超过临界值，随后将可能发生冲击地压。电磁辐射的变化反映了煤岩体破坏发生、发展的过程。

由于电磁辐射强度和脉冲数两个参数综合反映了煤岩体的应力集中程度，因此监测收集电磁辐射幅值最大值、平均值、脉冲数三个指标来反映不同应力条件下电磁辐射的特征。

统计损伤力学是描述材料损伤破裂与应力关系的一门学科。我们基于损伤力学和统计力学理论建立了煤岩变形破裂电磁辐射的力电耦合模型：

$$\begin{cases} \dfrac{\sum N}{N_m} = 1 - \exp\left[-\left(\dfrac{\varepsilon}{\varepsilon_0}\right)^m\right] \\ \sigma = E\sigma\left(1 - \dfrac{\sum N}{N_m}\right) \end{cases} \tag{3-28}$$

式中　ε——应变；

m, ε_0——Weibull 分布的分布标度和以应变形式表征的形态参数；

$\sum N$——电磁辐射脉冲数；

N_m——煤岩体完全破坏时的电磁辐射累计脉冲数。

设应变和应力之间符合线弹性关系，可以得到不同应力变化 $\Delta\sigma_1$、$\Delta\sigma_2$ 时对应的电磁辐射脉冲数 ΔN_1、ΔN_2 之比。

$$\frac{\Delta N_2/\Delta\sigma_2}{\Delta N_1/\Delta\sigma_1} = \left(\frac{\sigma_2}{\sigma_1}\right)^{m-1} \exp\left[\left(\frac{\sigma_1}{\sigma_0}\right)^m - \left(\frac{\sigma_2}{\sigma_0}\right)^m\right] \tag{3-29}$$

这样，就得到单位应力的电磁辐射脉冲数与应力之间的关系。只要确定出煤岩体变形破裂过程不同阶段应变之间的关系，即可得到煤岩体流变—突变过程不同阶段电磁辐射脉冲数的变化，从而求得电磁辐射脉冲数的临界值和变化趋势系数。

二、电磁辐射监测系统

（一）系统组成

电磁辐射监测系统由监测仪主机、宽频带电磁辐射定向天线、声发射探头、充电器、通信电缆和数据处理软件等组成，如图 3-9 所示。

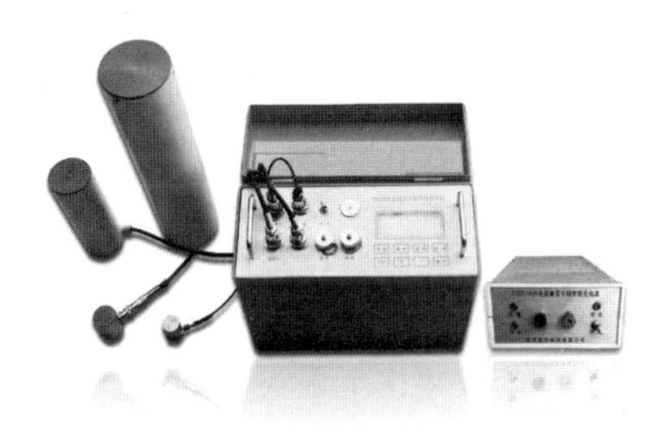

图 3-9　电磁辐射监测仪组成图

（二）测点布置原则

因为采场周围的应力分布是不均匀的，冲击地压一般发生在工作面及前方 100 m 范围。观测点的布置原则是既要监测工作面的区域，又要监测两巷。而应力集中程度高的区域，则是重点防治区域，对于重点区域，应多布置一些测点，测线间距可定为 10 m，如图 3-10 所示，这样可覆盖全部冲击危险区域。

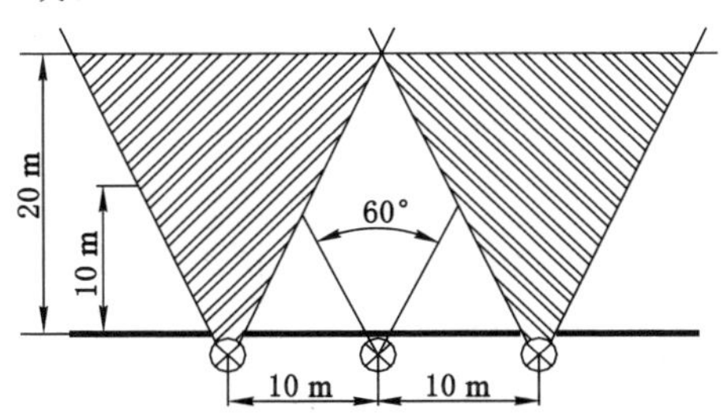

图 3-10　电磁辐射探头布置示意图

监测方式：选定 15 个点进行定点监测。

监测时间：每班监测一次，每点监测时间 2 min。

（三）监测步骤

（1）将电磁辐射监测仪带到井下测试地点；

（2）固定好天线，并与监测主机连接；

（3）打开仪器，设置测定参数：门限值、组数、报警值等（参数设置可在井上，由计算机及软件完成）；

（4）按开始键进行测试，测定电磁辐射强度和脉冲数，测试结果在显示器上显示，测定及数据记录由电磁辐射监测仪自动完成，当确定临界值后，可自动报警；

（5）该测点测试结束后，电磁辐射监测仪可显示本测点测试数据的统计结果，也可在菜单下查询测试结果；

（6）将电磁辐射监测仪带到另一测点，重复上述4～5的工作。

测试结束后，可将电磁辐射监测仪带到井上，将数据传输到微机中，做进一步的趋势分析（动态危险性或区域冲击危险性判断）。

一般情况下，当选择接收频率上限为500 kHz时，则预测范围（或有效深度）为7～22 m。

三、电磁辐射监测及判定指标

由于电磁辐射强度和脉冲两个参数综合反映了煤岩体的应力集中程度，因此监测收集电磁辐射幅值最大值、平均值、脉冲数三个指标来反映不同应力条件下电磁辐射特征。电磁辐射监测有临界值法和偏差法。

（一）临界值法

临界值法是在没有冲击地压危险，正常情况下多次监测电磁辐射幅值最大值、幅值平均值和脉冲数，取其平均值的k倍（一般$k=1.5$）作为各自的临界值，当监测数据大于临界值时，即预报煤体冲击危险性增大。其预测公式为：

$$E_{临界} = kE_{平均} \tag{3-30}$$

（二）偏差法

偏差法是通过分析监测数据，与正常情况下平均数据的偏差值大小来预测预报工作面冲击危险的程度。主要是分析当班的数据与平均值的差值，根据差值和前一班数据比较，对冲击地压危险进行预测预报。实践表明，在冲击地压、矿山震动发生前，电磁辐射的偏差值均出现较大变化。图3-11为某采煤工作面电磁辐射偏差变化图。

（三）冲击危险判定指标

判定指标常用的有临界值法和动态趋势法，其临界值见表3-3。

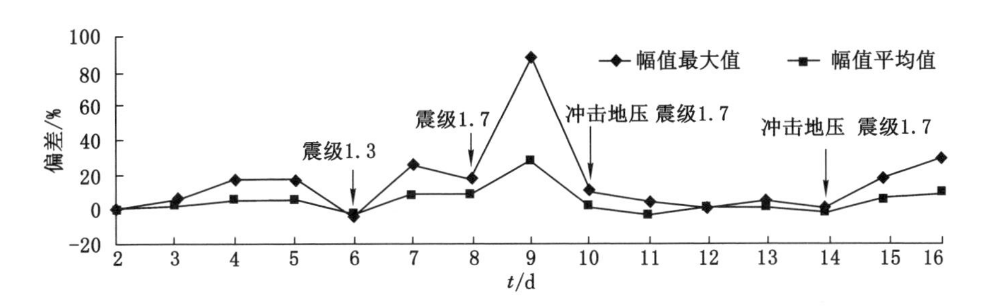

图 3-11　某工作面电磁辐射偏差变化图

表 3-3　冲击地压危险电磁辐射预警临界值表

判定方法	冲击地压		
	无危险	弱危险	强危险
临界值法	$E<1.3E_W$ 且 $N<1.7N_W$	$E\geqslant1.3E_W$ 且 $N\geqslant1.7N_W$	$E\geqslant1.7E_W$ 且 $N\geqslant2.3N_W$
动态趋势法	$K_E<1.3$ 且 $K_N<1.7$	$K_E\geqslant1.3$ 且 $K_N\geqslant1.7$	$K_E\geqslant1.7$ 且 $K_N\geqslant2.3$

注：E 为电磁辐射强度；N 为电磁辐射脉冲数；E_W 为电磁辐射临界值；K_E 为电磁辐射强度的动态变化系数；K_N 为电磁辐射脉冲数的动态变化系数，实施时需要根据现场实际情况进行微调。

四、电磁辐射监测布置实例

某矿 3130 工作面回采时，对回风平巷 200 m 和进风平巷全长范围进行监测。回风平巷内外帮各布置 20 个测点，间距 10～20 m，进风平巷全长布置测点，间距 10～20 m，每个测点监测 2 min，每天监测一遍。测点布置如图 3-12 所示。

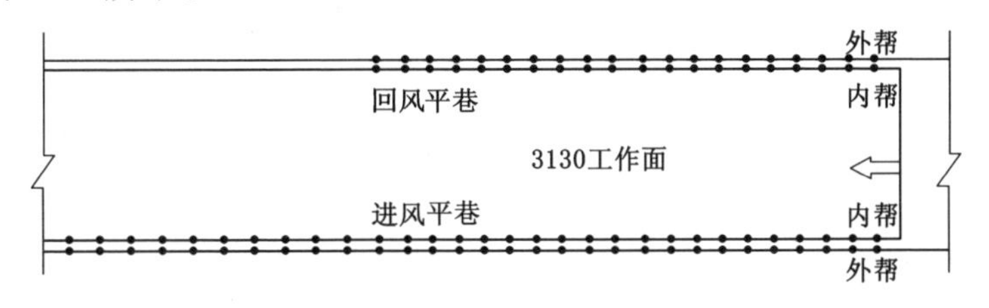

图 3-12　3031 工作面电磁辐射测点布置图

第四节　钻屑法监测

钻屑法是在煤层中施工钻孔，根据每米排出的煤粉量及其变化规律、钻进过程中有关的动力现象鉴别冲击危险的一种方法。

一、钻屑法原理

该方法的基本理论和最初试验始于20世纪60年代,其理论基础是钻出煤粉量与煤体应力状态具有定量的关系,即在其他条件相同的煤体,当应力状态不同时,其钻孔的煤粉量也不同。当单位长度的排粉率增大或超过标定值时,表示应力集中程度增加和冲击危险性增大。

当钻孔钻进到受压煤壁一定距离处,钻孔周围煤体过渡到极限应力状态,伴随出现钻孔动力效应。应力越大,过渡到极限应力状态的煤体越多,钻孔周围的破碎带就不断扩大,排粉量也就不断增多。钻屑量的变化曲线和支承压力分布曲线十分相似,图3-13为抚顺龙凤矿和北京门头沟矿采煤工作面的典型钻孔实测钻屑量。两矿在冲击地压发生前的钻孔实测最大钻屑量分别为4～9 kg/m和5～20 kg/m,峰值位置(支承压力峰值点)距离煤壁分别为3～6 m和4～9 m。而在冲击地压发生后或无冲击地压危险条件下施工的钻孔,其钻屑量明显降低,峰值点往煤体深处转移,钻进过程中无动力效应。

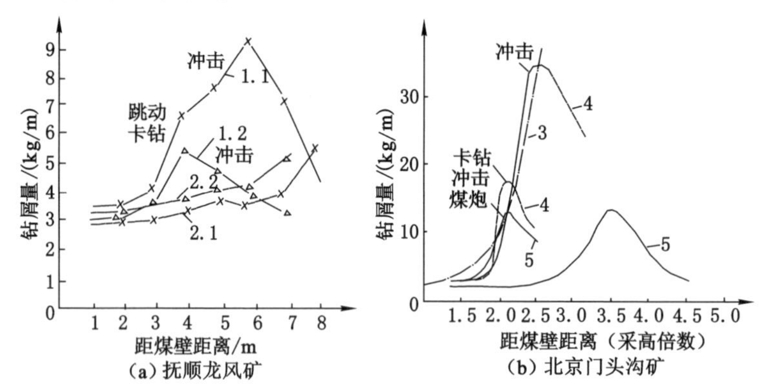

1.1—第一次冲击前施工孔;1.2—第二次冲击前施工孔;2.1—第一次冲击后施工孔;2.2—第二次冲击后施工孔;3—极限煤粉量;4—推测煤粉量;5—实测煤粉量。

图3-13 实测典型钻孔的钻屑量变化曲线

钻屑法不适用于煤层含水率超过3.5%、单轴抗压强度小于2 MPa的松软煤层。

二、钻屑法常用术语

煤粉量:每米钻孔长度所排出的煤粉重量(kg/m)。

钻孔深度:从煤壁至所测煤粉量的钻孔长度(m)。

动力效应:钻进过程中产生的卡钻、吸钻、顶钻、异响及孔内冲击等现象。

正常煤粉量:在无采动和地质构造影响区域测得的煤粉量(kg/m)。

实际煤粉量:在监测区域测得的煤粉量(kg/m)。

钻粉率指数:每米实际煤粉量与每米正常煤粉量的比值。

孔深巷高比:钻孔深度与巷道高度的比值。

三、钻屑法施工

采煤工作面煤壁、回采巷道两帮钻孔布置位置见图 3-14。

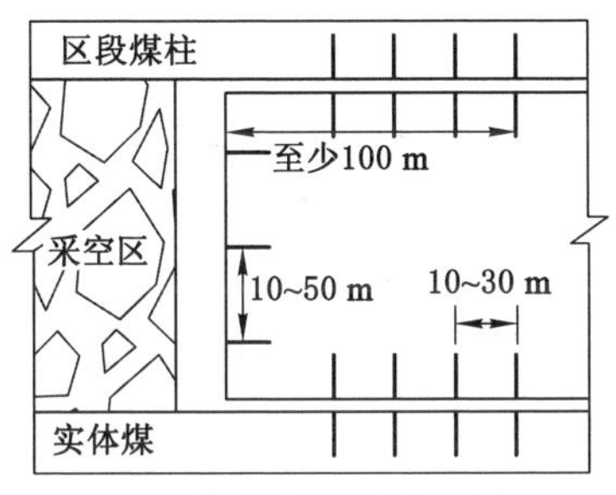

(a) 采煤工作面和回采巷道

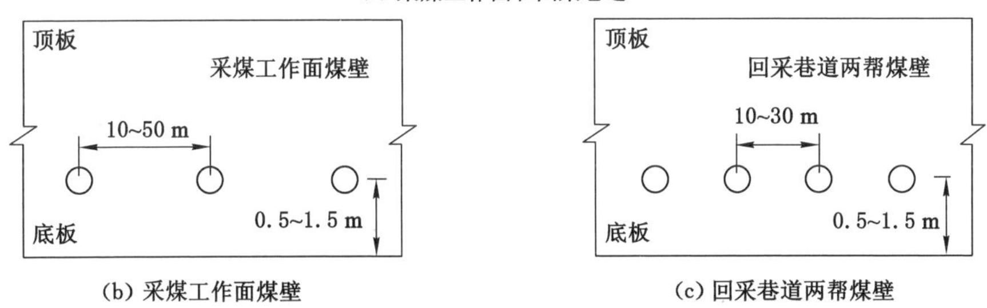

(b) 采煤工作面煤壁　　(c) 回采巷道两帮煤壁

图 3-14　采煤工作面煤壁、回采巷道两帮钻孔布置位置图

掘进工作面迎头和掘进巷道两帮钻孔布置位置见图 3-15。

采煤工作面煤壁仅在发生过冲击地压或现场分析具有冲击危险时进行监测,钻孔间距为 10～50 m,钻孔个数应不少于 3 个,监测间隔时间为 1～3 d。

回采巷道两帮监测区域应覆盖采动应力影响范围,且不小于 100 m,钻孔间距为 10～30 m,每次监测钻孔个数应不少于 3 个,监测间隔时间为 1～3 d。

掘进工作面迎头应保证每 10～20 m^2 布置一个钻孔,钻孔个数应不少于 2 个,监测频率应满足掘进工作面迎头具有不小于 5 m 的超前监测距离。

掘进工作面后方 60 m 范围内的巷道两帮钻孔,每次监测个数应不少于 3 个,钻孔间距为 10～30 m,监测间隔时间为 1～3 d。

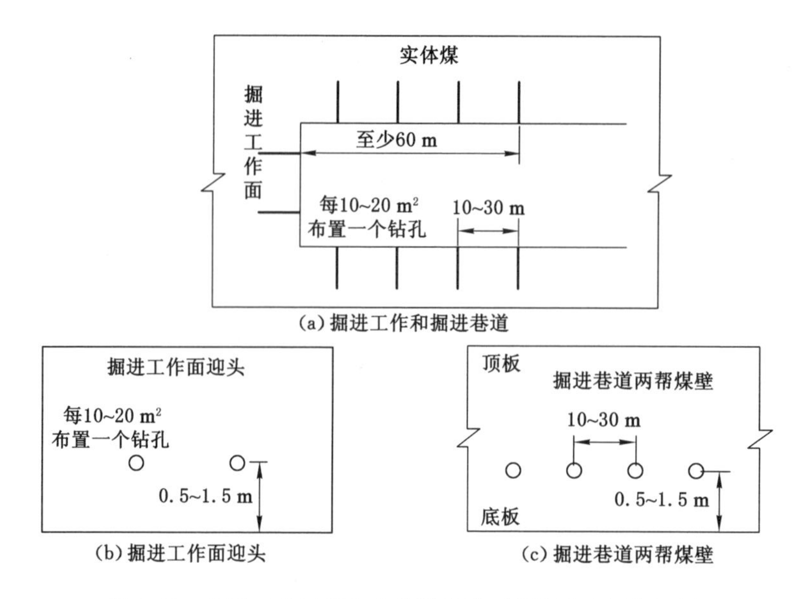

图 3-15　掘进工作面迎头和掘进巷道两帮钻孔布置位置图

钻头直径一般为 42 mm,钻孔垂直于煤壁或平行于煤层布置,最大深度为 3～4 倍巷高,一般不超过 15 m。

孔距与间隔时间应按所测区域预先评定的冲击危险等级和地质条件适当调整。对强冲击危险区,可取推荐的下限值,即采煤工作面煤壁和回采巷道两帮钻孔间距为 10 m,监测间隔为 1 d,掘进工作面迎头每 10 m^2 布置一个钻孔,掘进巷道两帮钻孔间距为 10 m,监测间隔为 1 d;对弱冲击危险区,可取推荐的上限值,即采煤工作面煤壁和回采巷道两帮钻孔间距分别为 50 m 和 30 m,监测间隔均为 3 d,掘进工作面迎头每 20 m^2 布置一个钻孔,掘进巷道两帮钻孔间距为 30 m,监测间隔为 3 d,在地质构造变化带及其他应力异常区,应适当减小孔距、缩短监测间隔时间。

钻孔施工应采用专用机具,由专业队伍操作,保证钻孔直径均匀和钻进方向偏离误差最小。

煤粉收集:打钻过程中,用取粉容器收集钻出的煤粉时,应避免非钻孔内的大块碎煤掉入,否则应及时挑出,钻杆每推进 1 m 测量一次煤粉量并记录打钻过程中的动力现象。监测过程中若未达到要求的钻孔深度就已经判断有冲击危险,应停止钻进并将人员撤离到安全地点。

煤粉记录:监测中的各种数据按要求进行记录,包括钻孔施工时间和地点、钻孔位置、每米钻孔的煤粉量以及打钻过程中出现的卡钻、吸钻、顶钻、异响和孔内冲击等动力现象,并对打钻区域的地质条件进行简要描述。

四、冲击危险判定指标

钻屑法评价冲击危险性指标包括钻粉率指数和动力效应。

（一）正常煤粉量测定

在无采动影响且无地质构造影响区域测定，钻孔数应不少于6个，取各孔对应每米煤粉量的平均值，测定结果适用于对应的工作面，当工作面内地质条件发生明显变化时需要重新标定正常煤粉量。

（二）钻粉率指数指标

评价工作地点冲击危险性的钻粉率指数指标，应通过实测分析确定，无实测资料时，可按照表3-4中的参数执行。在表3-4所列的孔深巷高比内，钻粉率指数达到相应指标时，可判定该工作地点具有冲击危险。

表3-4　评价工作地点冲击危险性的钻粉率指数指标

孔深巷高比 a	<1.5	$1.5\sim3$	>3
钻粉率指数 b	$\geqslant1.5$	$\geqslant2$	$\geqslant3$

（三）动力效应指标

评价工作地点冲击危险性的动力效应指标，按照表3-5执行。打钻过程中出现一种动力现象即可判定该工作地点具有冲击危险。

表3-5　评价工作地点冲击危险性的动力效应指标

动力效应	冲击危险性	
	无	有
卡钻、吸钻、顶钻、异响、孔内冲击	无动力现象	有动力现象

评价指标只要有一项判定有冲击危险，则评价结果为冲击危险。

五、实例

某矿250102工作面运输巷一侧有20 m的区段煤柱，受煤柱附加应力影响，应力集中程度较高，故选择无煤柱影响的回风巷正常应力区作为正常煤粉量的测定区域。

在250102工作面回采开始前，在回风巷距工作面开切眼1 150 m以外，依次向工作面煤壁打4个煤粉钻孔，以这几处测得的煤粉量作为煤粉量的正常值，并以此来进一步确定250102工作面的煤粉量临界值。在以后的检测中，测到的煤粉量超过设定的临界指标或出现卡钻、吸钻、异响等动力现象,则认为煤体处于临界危险状态,必须立即采取解危措施。

在250102工作面回风巷距开切眼1 150 m、1 165 m、1 175 m、1 185 m外各打4个钻孔,用以测定该工作面的标准钻屑量,并以此进一步设定临界值。煤粉量随钻孔深度变化图如图3-16所示。标准钻屑量检测结果见表3-6。

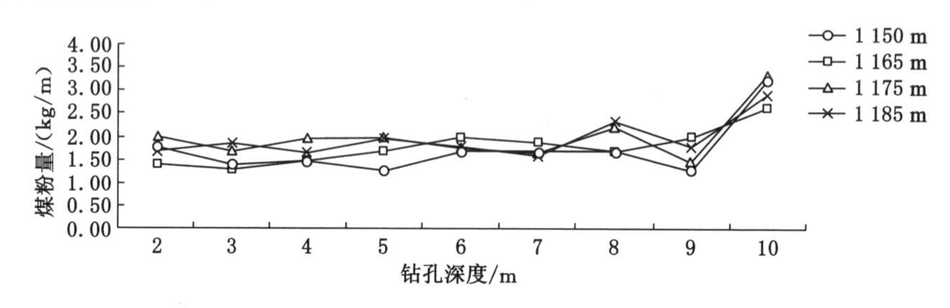

图3-16 某日钻屑法检测煤粉量随钻孔深度变化图

表3-6 250102工作面正常煤粉量检测结果 单位:kg/m

钻孔编号	钻孔深度/m									平均值
	2	3	4	5	6	7	8	9	10	
1	1.75	1.40	1.45	1.25	1.70	1.70	1.70	1.25	3.25	1.72
2	1.40	1.30	1.50	1.70	2.00	1.90	1.70	2.00	2.65	1.79
3	2.00	1.70	1.95	2.00	1.75	1.65	2.20	1.45	3.35	2.01
4	1.70	1.85	1.65	1.95	1.80	1.60	2.35	1.80	2.90	1.96
正常煤粉量(1.87 kg/m)										

由于钻孔是在回风巷距工作面1 150 m以外的地点,钻孔处于正常压力情况下,所测每米钻孔深度的煤粉量均小于4 kg/m,各测点应力峰值位置距煤壁为3~6 m,并且应力越高(平均煤粉量越高)的测点应力峰值距离煤壁越近;应力越小,煤粉量明显降低,应力峰值向深部转移。同时在打钻过程中无卡钻、吸钻等动力现象,也没有出现冲击地压现象。因此,通过对所测数据取平均值,确定250102工作面的标准煤粉量为1.87 kg/m。鉴于高应力区域相比于正常应力区域有一定的应力集中系数,并考虑到打钻过程中的人为因素影响,最终确定250102工作面的标准钻屑量为1.75 kg/m,孔深巷高比取1.5,钻屑量的临界值为1.75 kg/m×1.5=2.63 kg/m。

第五节　采动应力监测

采动应力是指采掘工程影响下的煤岩体内应力。

冲击地压的发生是静载和动载叠加的结果，因此，在监测动载的同时，还需监测巷道及工作面周围应力（静载）、支承压力的大小和应力集中程度。采动应力监测主要用于监测巷道两侧应力分布及大小、应力峰值位置和支承压力的变化情况，为冲击地压监测预警、矿山压力的预测预报、巷道布置、工作面支护设计等提供设计和决策依据。

一、采动应力监测技术原理

目前煤矿采动应力监测方法主要以钻孔应力计为主。其工作原理：钻孔发生变形时，压力通过传感器两侧包裹体传递到充液后的压力枕，钻孔压力被转换为压力枕内液体压力，液体压力经导压管传递到转换器，最终将压力信号变成可识别的电信号上传至监测网络。

采动应力监测系统是基于“当量钻屑量原理”和“多因素耦合的冲击地压危险性确定方法”研制的能够实现准确连续监测和实时报警冲击地压危险性和危险程度的监测系统。预警的基本原理是岩层运动、支承压力、钻屑量与钻孔围岩应力之间的内在关系。通过实时在线监测工作面前方采动应力场的变化规律，找到高应力区及其变化趋势，实现冲击地压危险区和危险程度的实时监测预警和预报，可在采掘期间进行冲击地压的临场预报。

二、采动应力监测系统

（一）系统组成

采动应力监测系统主要由压力传感器、通信电缆、井下监测主机、通信光缆、监测服务器组成。采动应力监测系统结构如图 3-17 所示。

（二）布置原则

根据冲击危险性评价结果，压力传感器布置在巷道具有冲击危险的区域，其中，掘进工作面迎头后方监测范围不小于 150 m，采煤工作面超前巷道监测范围不小于 300 m。

压力传感器一般布置在煤层巷道或硐室的帮部，开孔位置距底板 0.5～1.5 m。已成型巷道压力传感器布置应在受采动应力影响前完成，其中，受巷道掘进扰动影响的压力传感器布置应在距离掘进工作面迎头 150 m 前完成，受采煤工作面回采扰动影响的压力传感器布置应在距离

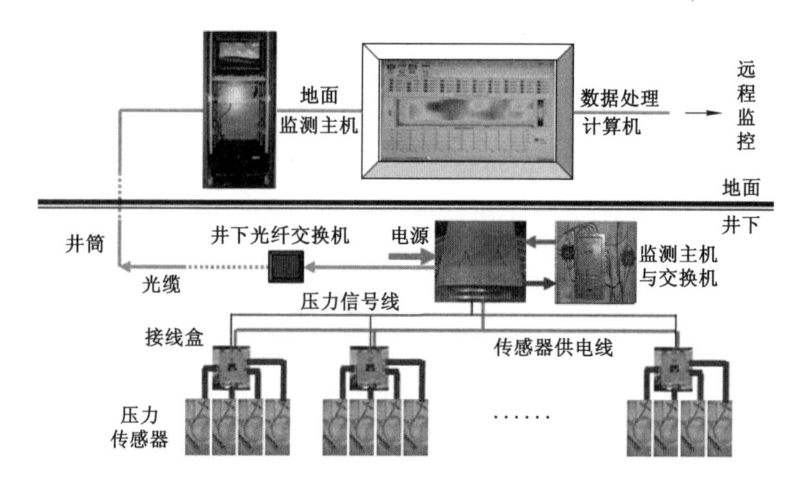

图 3-17　采动应力监测系统结构

采煤工作面 300 m 前完成。

监测点深度：压力传感器的敏感元件应深入至巷道帮部应力集中区，同一监测组内不同监测点深度应有所区别。如图 3-18 所示，监测点深度应不少于两种，浅部监测点深度一般为 $1.5h_{巷}\sim3h_{巷}$（$h_{巷}$为巷高），深部监测点深度一般大于 $3h_{巷}$。对于巷帮塑性区宽度较大、应力集中区远离巷帮的巷道，应适当增大监测点深度。

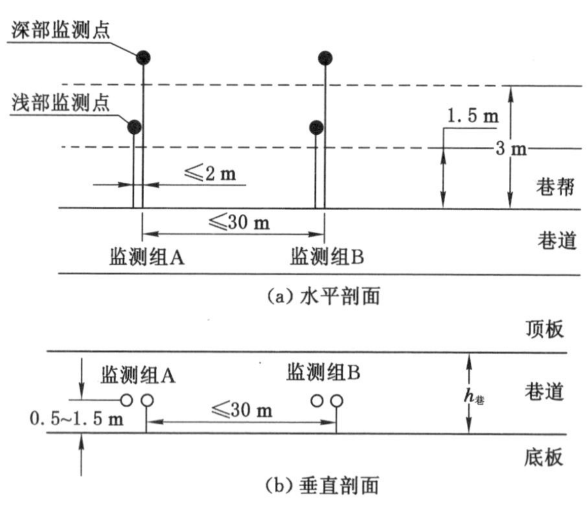

图 3-18　巷道帮部应力传感器布置图

同一监测组内相邻监测点沿巷道走向间距不大于 2 m，相邻监测组沿巷道走向间距不大于 30 m，其中强冲击危险区监测组间距不大于 20 m。

三、冲击危险判定指标

应力 δ 表示监测点的应力值，单位为兆帕(MPa)。

应力变化率 $\Delta\delta$ 表示对于某监测点，t_1 时刻的应力变化率，由下式计算：

$$\Delta\delta = \frac{\delta_2 - \delta_1}{\Delta t} \tag{3-31}$$

式中　δ_1 —— t_1 时刻监测点的应力，MPa；

δ_2 —— t_2 时刻监测点的应力，MPa；

Δt ——时间间隔($t_2 - t_1$)，时间间隔可选择为 1 d。

首先分别判别监测组内所有监测点的冲击危险性，然后根据各监测点判别结果综合确定监测组冲击危险性。只要监测组内有一个监测点具有冲击危险，则判别该监测组具有冲击危险。冲击危险性判别结果分为：有冲击危险和无冲击危险。

根据应力和应力变化率两项指标综合判别监测点冲击危险性，只要一项指标判别有冲击危险，则判别该监测点具有冲击危险。

浅部监测点和深部监测点的指标临界值应有所区别。

冲击危险性判别指标临界值可采用类比法，设定采动应力监测指标临界值，再根据现场实际考察资料和积累的数据进一步修正初值。类比时，应选用开采及地质条件相似的冲击地压巷道。

四、采动应力监测布置实例

某矿 302 采煤工作面的压力传感器布置在两巷道内，自开切眼前方 20～30 m 开始布置，每 30 m 一组，每组两个测点，埋设深度分别为 7 m 和 15 m，每组两个测点间距 1～3 m，布置示意图如图 3-19 所示。

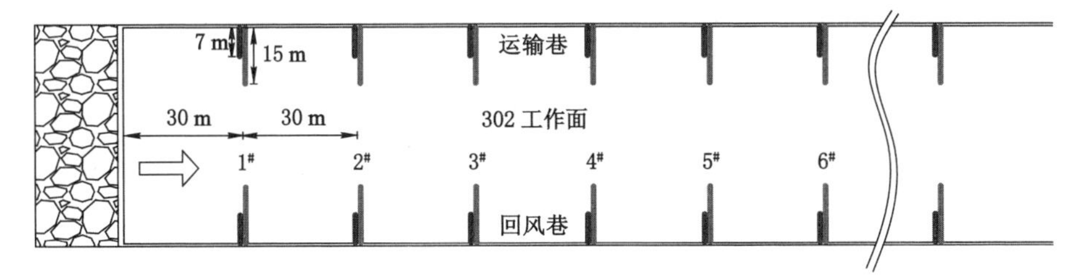

图 3-19　工作面压力传感器布置示意图

随着生产推进，当工作面距 1# 压力传感器约 20 m 时，回收传感器，重复利用压力传感器，以此类推，每组压力传感器依次向外移，始终保持工作面前方 300 m 左右的超前支承压力影响区处于监测范围内。

第六节 弹性震动波 CT 透视监测

弹性震动波 CT 透视监测，实质就是地震层析成像技术，它是利用地震波射线对工作面的煤岩体进行透视，通过观测地震波走时和能量衰减，对工作面的煤岩体进行层析成像。地震波传播通过工作面煤岩体时，煤岩体上所受的应力越高，震动传播的速度就越快。通过震动波速的反演，可以确定工作面范围内的震动波速度场的分布规律，根据速度场的大小，确定工作面范围内应力场的大小，从而划分出高应力区和高冲击危险区，为监测防治提供依据。

层析成像技术根据震源的不同可分为主动与被动 CT 两种技术，如图 3-20 所示。主动层析成像技术的优点是震源位置是人工布置的，是已知的，并可以优化选择。弊端是必须人工激发震源和携带仪器下井，劳动量大、费时，不利于对危险区域进行长期观测。被动 CT 技术的优点是不用人工激发震源，探头可放在距离监测区域较远的位置，扩大了观测区域范围，且对危险区域的观测是长期的。弊端是震源由矿震产生，位置是未知量，必须通过各台站的震动波到时进行计算，导致计算的震源位置与实际位置相比会有一定的偏差。下面主要介绍主动 CT 层析成像技术。

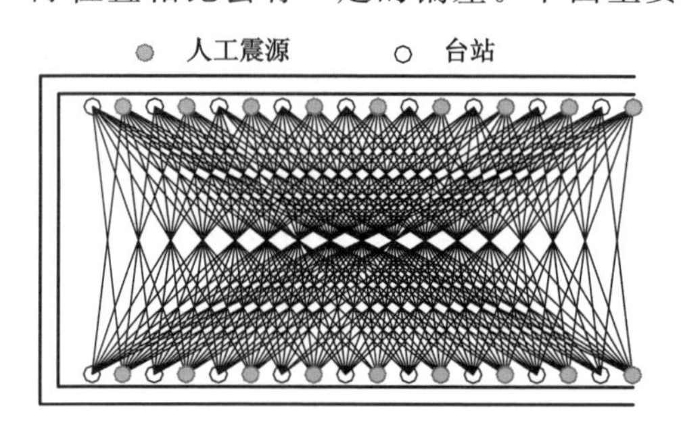

(a) 主动层析成像示意图

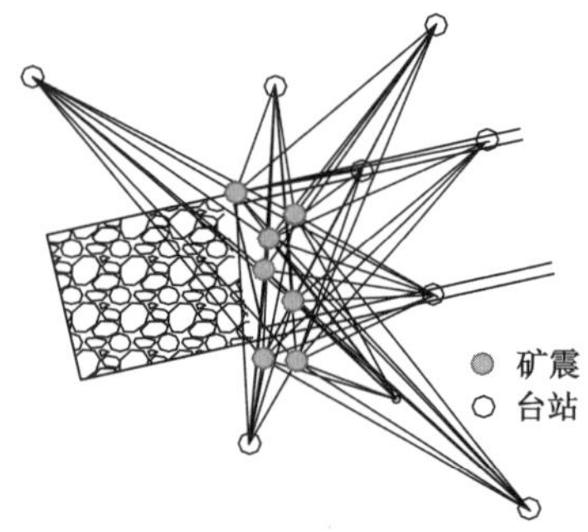

(b) 矿震震动波速层析成像示意图

图 3-20 主动与矿震震动波速层析成像技术

一、弹性震动波 CT 透视监测原理

弹性震动波 CT 透视监测是在采煤工作面的一条巷道内设置一系列震源，在另一条巷道内设置一系列检波器。当震源发出震动后，巷道内的一系列检波器接收震源发出的震动波。根据不同震源产生震动波信号的初始到达检波器时间数据，重构和反演煤层速度场的分布规律。弹性震

动波 CT 透视监测主要采用震动波的速度分布 $v(x,y)$ 或慢度 $s(x,y)=1/v(x,y)$ 来进行分析。

假设第 i 个震动波的传播路径为 L_i，其传播时间为 T_i，则：

$$T_i=\int_{L_i}\frac{\mathrm{d}s}{v(x,y)}=\int_{L_i}s(x,y)\mathrm{d}s \tag{3-32}$$

式(3-32)是一曲线积分，ds 是弧长微元，$v(x,y)$ 和 L_i 都是未知的，T_i 是已知的。这实际上是一个非线性问题，在速度场变化不大的情况下，可以近似地把路径看作是直线，即 L_i 为直线，实际上井下地质情况是复杂的，射线路径也往往是曲线。现在把反演区域离散化，假如离散化后的单元数目为 N。每个单元的慢度为一对应常数，记为 $s_1,s_2,\cdots,s_N$，这样，第 i 个射线的传播时间表示为：

$$T_i=\sum_{j=1}^{N}a_{ij}s_j \tag{3-33}$$

式中　a_{ij} ——第 i 条射线穿过第 j 个网格的长度。

当有大量射线（如 M 条射线）穿过反演区域时，根据上式(3-33)就可以得到关于未知量 s_j（$j=1,2,\cdots,N$）的 M 个方程（$i=1,2,\cdots,M$），M 个方程组合成一线性方程组为：

$$\begin{cases}T_1=a_{11}s_1+a_{12}s_2+a_{13}s_3+\cdots+a_{1j}s_j\\T_2=a_{21}s_1+a_{22}s_2+a_{23}s_3+\cdots+a_{2j}s_j\\\cdots\cdots\\T_i=a_{i1}s_1+a_{i2}s_2+a_{i3}s_3+\cdots+a_{ij}s_j\end{cases} \tag{3-34}$$

写成矩阵形式如下：

$$\boldsymbol{AS}=\boldsymbol{T} \tag{3-35}$$

式中　$\boldsymbol{A}=(a_{ij})_{M\times N}$ ——距离矩阵；

$\boldsymbol{T}=(T)_{M\times 1}$ ——传播时间向量，即检波器得到的初至时间；

$\boldsymbol{S}=(s_i)_{N\times 1}$ ——慢度列向量。

通过求解上述方程组就可以得到离散慢度分布，从而实现观测区域的速度场反演成像。值得注意的是，在地震层析成像过程中矩阵 **A** 往往为大型无规则的稀疏矩阵（**A** 中每行都有 N 个元素，而射线只通过所有 N 个像元中一小部分），并且常是病态的。实际应用中要反复求解式(3-35)得到重建区域的速度场。由于联合迭代法（SIRT 方法）收敛速度较快，而且对投影数据误差的敏感度小，因此一般选取 SIRT 方法的反演结果为弹性震动波 CT 成像进行解释。

研究表明,震动波波速随应力的增加而增加,应力与波速之间具有幂函数关系。震动波 CT 成像就是通过反演,获得研究区域内波速的大小,从而反映出应力的分布情况。

强度理论认为,当煤岩体所受的应力超过煤岩体本身的强度极限,即满足强度条件,才有可能发生冲击地压。关系式如下:

$$\frac{\sigma}{\sigma_c} \geqslant 1 \tag{3-36}$$

式中 σ——煤岩体所受应力;

σ_c——煤岩体强度。

对于均质、各向同性连续介质体,震动波的传播与煤岩体物理力学参数及其在煤岩体中产生的动载荷可表示为:

$$\frac{v_P}{v_S} = \sqrt{\frac{2(1-u)}{1-2u}} \tag{3-37}$$

$$E = \frac{\rho v_S^2 (3v_P^2 - 4v_S^2)}{2(v_P^2 - v_S^2)} \tag{3-38}$$

$$\begin{cases} \sigma_{dP} = \rho v_P \ (v_{pp})_P \\ \tau_{dS} = \rho v_S \ (v_{pp})_S \end{cases} \tag{3-39}$$

式中 u——泊松比,$0 \leqslant \nu \leqslant 0.5$;

E——弹性模量;

σ_{dP}, τ_{dS}——P 波、S 波产生的动载荷;

ρ——煤岩介质密度;

v_P, v_S——P 波、S 波传播的速度;

$(v_{pp})_P, (v_{pp})_S$——质点由 P 波、S 波传播引起的峰值震动速度。

综上所述,对于同一性质的煤岩体,根据地震波的传播速度可确定煤岩体的物理力学特性。地震波波速间接反映了冲击地压发生的强度条件、能量条件和动载诱冲条件。

(1) 强度条件:应力与波速之间存在幂函数关系。即震动波波速越高,所受应力越大,超过其煤岩体强度的可能性就越大,冲击危险性就越高,反映了强度条件。

(2) 能量条件:式(3-37)、式(3-38)表明,弹性模量与波速在弹性阶段呈正相关关系。即波速越大,对应的弹性模量就越大,则煤岩体变形储存能量的能力越高,刚度也就越强,抵抗变形破坏的能力就越大,反映了能量条件。

(3) 动载诱冲条件:式(3-39)表明,震源能量越大,传播到煤岩介质质点速度的峰值速度就越大,动载荷就越高,越容易形成冲击。另外,对于同一性质的煤岩体,介质密度相等,此时,波速越高的区域受到强矿震扰动比其他低波速区域更容易形成冲击地压。

二、震动波 CT 的判定指标

岩层破裂需要应力及变形的空间条件,如图 3-21 所示,工作面开采后所形成的采空区导致上覆岩层重量加载到其临近的支撑区域 C,形成一侧应力降低区与一侧高应力集中区,在没有额外力的作用下,两者的存在总是相辅相成的。由纵波波速与应力之间的试验关系模型可知,裂隙带区域 A 对应一个低波速区,而在应力集中区域则对应高波速区,在这两个区域之间是从高波速向低波速过渡的一个区域,即波速变化梯度较大的区域 B,该区域的煤岩体在某一方向上的受约束能力相对较弱,在载荷一致的情况下将比均匀受载的煤岩体更易发生失稳破坏。强矿震不仅发生在高波速区域,也发生在波速梯度变化明显的区域。所以梯度变化较大的区域也是冲击危险较高的区域。

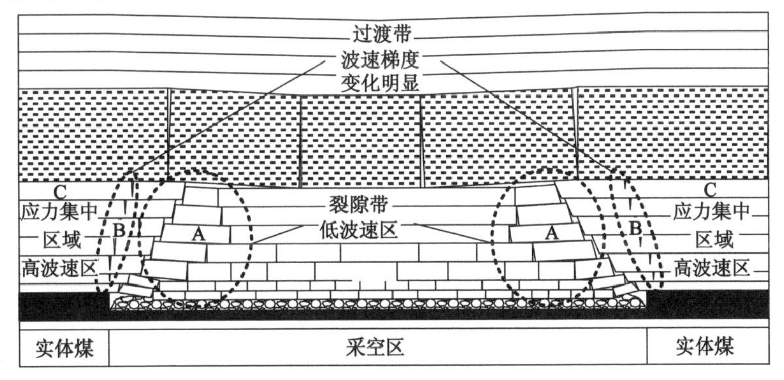

图 3-21　工作面开采后的上覆岩层结构及波速分布示意图

冲击地压的预警主要是确定煤层中的应力状态和应力集中程度。应力高且集中程度大的区域,相对其他区域将出现纵波波速的正异常,其异常值由下式计算:

$$A_n = \frac{V_{\mathrm{P}} - V_{\mathrm{P}}^{a}}{V_{\mathrm{P}}^{a}} \tag{3-40}$$

式中　V_{P} ——反演区域某点的纵波波速值;

V_{P}^{a} ——模型波速的平均值。

应力集中程度与弹性波波速正异常的关系和判别准则见表 3-7。同样,开采过程中顶底板岩层产生裂隙及弱化带,而岩体弱化及破裂程度与弹性波波速的大小相关，因此通过弹性波波速的负异常可以判断反演区域的开采卸压弱化程度，见表 3-8。通过构建的弹性波波速异常参数表 3-7和表 3-8，采用弹性震动波 CT 成像就可对冲击危险进行预警。

表 3-7　波速正异常变化与应力集中程度关系表

冲击危险指标	应力集中特征	正异常 A_n/%	应力集中概率 P
0	无	$A_n<5$	$P<0.2$
1	弱	$5\leqslant A_n<15$	$0.2\leqslant P<0.6$
2	中等	$15\leqslant A_n<25$	$0.6\leqslant P<1.4$
3	强	$A_n\geqslant 25$	$P\geqslant 1.4$

表 3-8　波速负异常变化与弱化程度之间关系表

弱化程度	弱化特征	负异常 A_n/%	应力集中概率 P
0	无	$-7.5<A_n\leqslant 0$	$P<0.25$
−1	弱	$-15<A_n\leqslant -7.5$	$0.25\leqslant P<0.55$
−2	中等	$-25<A_n\leqslant -15$	$0.55\leqslant P<0.8$
−3	强	$A_n\leqslant -25$	$P\geqslant 0.8$

对波速的梯度变化，可采用波速梯度 V_G 值，它描述了相邻节点间波速的变化程度，对波速梯度 V_G 值的异常变化，可采用类似的公式进行描述，即：

$$A_n=\frac{V_G-V_G{}^a}{V_G{}^a} \tag{3-41}$$

式中　$V_G{}^a$ ——波速梯度 V_G 的平均值。

由波速梯度 V_G 异常计算得到的波速梯度变化异常值 A_n，对应的冲击危险性判别指标见表 3-9，当波速梯度变化异常值 $A_n<0$ 时，异常变化不明显，认为无冲击危险特征，对应波速梯度变化异常值为 0。

表 3-9　V_G 异常变化与冲击危险之间的关系

冲击危险指标	异常对应的危险性特征	异常 A_n/%
A	无	$A_n<5$
B	弱	$5\leqslant A_n<15$
C	中等	$15\leqslant A_n<25$
D	强	$A_n\geqslant 25$

实验结果说明单轴压缩条件下，煤岩试样总是在应力作用的开始阶段，纵波波速变化有较高梯度，而随着应力的不断增加，纵波波速的上升幅度减缓，并逐渐趋于水平。在应力升高到一定阶段后，影响波速大小的因素不再随应力的增加而调整。这种现象表明应力与波速间应具有某种幂函数关系，据此提出一种试验关系模型描述应力和纵波波速的这种耦合关系，见下式：

$$V_P = \phi(T)^{\Psi} \tag{3-42}$$

式中 $\phi(T)$——拟合的参数值；

Ψ——选择的参数值。

利用以上构建的三个参数，采用震动波 CT 成像技术就可进行冲击危险预警。

三、弹性震动波 CT 透视监测布置实例

某矿 6304 工作面北面临近 6302 工作面采空区，南面靠近－725 m 西翼胶带大巷，南距 3312 工作面采空区约 135 m。开采 3 号煤，平均厚度 7.5 m，采用走向长壁后退式综采放顶煤采煤工艺。

如图 3-22 所示，施工过程中所采用的仪器设备：主机 1 台，发爆器 1 台，采集站 4 个，数据传输地震电缆线 3 条，主控连接线 1 条，每条电缆线有 12 个检波器通道。相邻两道间(即相邻两探头间)，在电缆拉直后，道间距最大为 12 m。整套设备按串联方式连接，每个采集站可控制通道数为 12 道，分别位于采集站两侧。

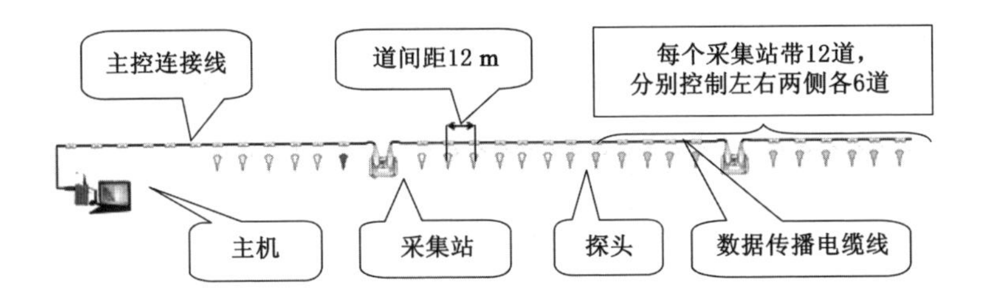

图 3-22 整套设备的连接图

设备安装在 6304 胶带巷，爆破点放置在轨道巷。探头间距按10 m设计，爆破点间距按 8 m 设计，每孔装药量 150 g。如图 3-23 所示，施工后共确定探头 35 个(R7～R41)，爆破点 46 个(T1～T46)。

图 3-24 为探头与爆破点间形成的射线覆盖图，可以看出测试获得的射线覆盖群，能够较好地覆盖 6304 工作面，结果可靠。

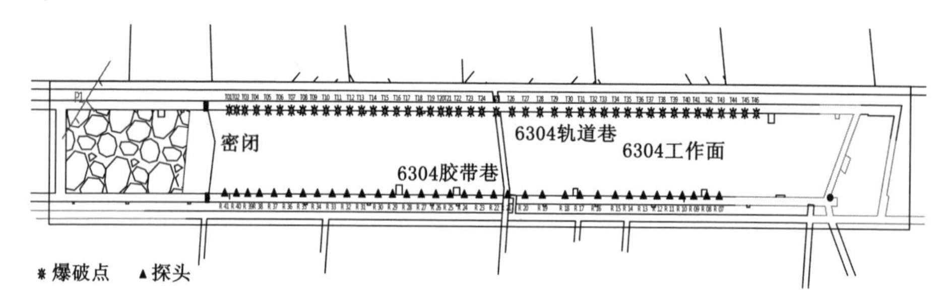

图 3-23　观测点和放炮点实际布置图

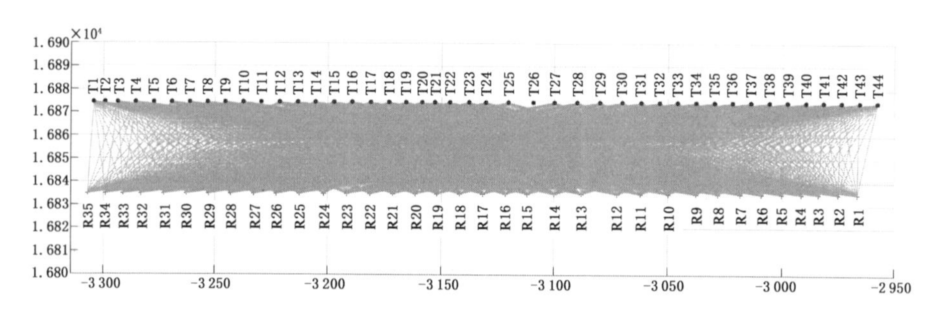

图 3-24　爆破点与探头间形成的射线覆盖图

通过 CMAT 软件求解，获得 6304 工作面波速分布如图 3-25 所示，图 3-26为 6304 工作面冲击危险划分图。

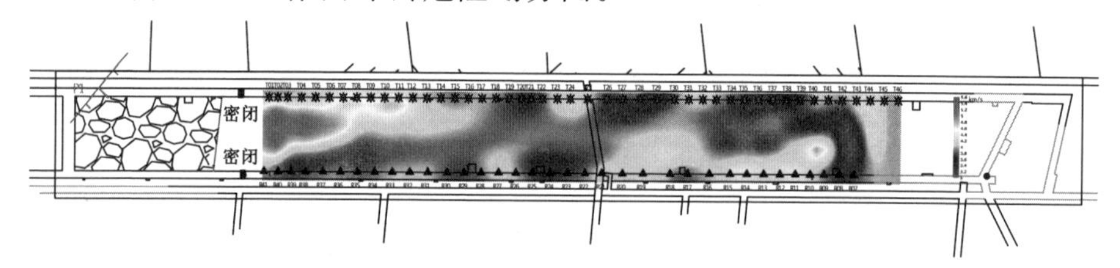

图 3-25　6304 工作面波速分布图

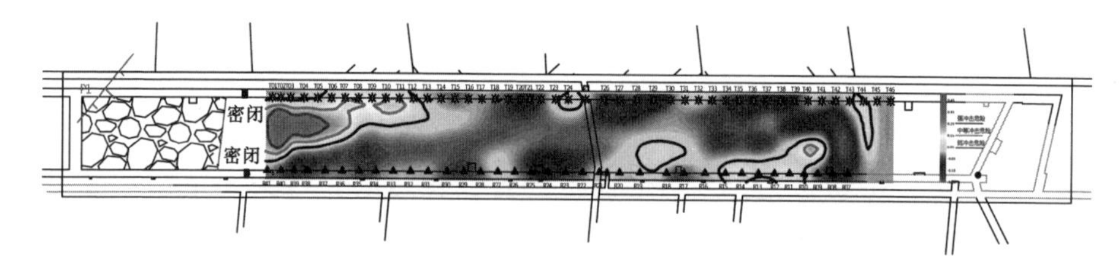

图 3-26　6304 工作面冲击矿压危险区划分图

结论：强冲击危险区位于轨道巷与胶带巷密闭前方 80 m 范围内靠近

工作面中部及轨道巷侧；中等冲击危险区位于 T40—T41—R9—R110 区域中部和轨道巷侧 T9—T11 区域；弱冲击危险区位于轨道巷 T23—T25 区域、T43 附近并向中部发展区域、胶带巷 R10—R15 区域和 R17—R19 区域。

第四章　防治冲击地压措施

冲击地压研究的最终目的就是有效地防止冲击地压的发生。从冲击地压的形成机理看，控制冲击地压灾害的发生，实质上就是改变煤岩体的应力状态或控制高应力产生，以保证煤岩体不足以产生失稳破坏或非稳定破坏。根据煤岩体实际条件，防治冲击地压包括两个方面，即已具有冲击危险煤岩层的冲击地压防治和目前尚无冲击危险煤岩层但开采过程中可能发生冲击地压的防治。

从根本上讲，防治冲击地压就是要坚持“区域先行、局部跟进、分区管理、分类防治”的原则。

(1) 避免形成高应力区。优化开采顺序、采(盘)区和工作面布置。

(2) 回采与掘进方向应保证与地应力方向平行。地应力的方向和大小与冲击地压的发生具有密切的关系，当采煤工作面或掘进工作面的方向与地应力方向呈垂直或较大角度时，工作面发生冲击地压的危险性和危害程度将明显增大。

(3) 扩大应力释放范围以降低应力集中程度与应力释放速度。改进煤层开采方法，使开采过程中的应力释放区域增大，避免形成局部应力的高度集中与冲击危险区域。

(4) 控制煤层积聚能量条件。对煤层实施钻孔卸压、爆破卸压等，以改变煤体承载能力，减少应力集中，并使煤体应力峰值向煤岩体深部转移，降低冲击危险性。

(5) 控制顶板能量的突然释放与加载。顶板的可控垮落实质上就是改善煤岩层结构系统的能量积聚条件，顶板中积聚着大量的能量，特别是坚硬难冒顶板。对顶板实施定向断裂(定向水压致裂或深孔断顶爆破技术)，可改变工作面周围煤岩层的应力分布，使煤岩体中积聚的能量能够及时、有效地以稳定破坏的形式释放出来。

(6) 改善底板中的支承能力与加大煤层和顶板的变形。对底板进行切槽卸压,使煤层底板及时破坏,可促使煤层和顶板岩层的变形加大,其弹性变形能的消耗也将增加,避免煤岩层中能量的高度积聚与突然释放。

(7) 优先开采无冲击倾向性和无冲击危险煤层。在煤层群开采条件下,通过先期开采无冲击倾向性或冲击危险相对较低的煤层,可使有冲击危险煤层的应力条件得到改善,从而使冲击危险煤层在采掘过程中的冲击危险性降低。

最大限度地降低构造对冲击地压的影响。煤岩层中存在软弱层,往往会产生非连续变形与破坏,并导致冲击地压的发生。加固软弱层使煤岩体形成稳定结构,避免煤岩体沿软弱层产生黏滑而发生冲击地压。或采取高压预注水、深孔爆破等方法,使软弱层加厚,变形加大,易于以稳定、缓慢形式释放大量的弹性能,起到阻止冲击地压发生的作用。

区域防治冲击地压措施主要指在矿井设计、采(盘)区设计阶段采取的防治冲击地压措施,主要包括选择合理的大巷层位与方向、合理的煤层开采顺序和采煤方法、合理的巷道布置方式和煤柱尺寸等。局部防治冲击地压措施是指在已形成的采掘工作面实施的卸压或解危措施,主要包括煤层钻孔卸压、煤层卸压爆破、煤层注水、顶板深孔爆破断裂、顶板定向水压致裂等。

第一节　防冲设计

区域防治冲击地压措施就是在矿井初步设计、采(盘)区设计阶段,根据煤岩冲击危险性评价(估)结果,选择合理的大巷层位与方向、合理的煤层开采顺序和采煤方法、合理的巷道布置方式和煤柱尺寸等,防止高应力集中,从源头上控制冲击地压的发生。

一、矿井初步设计阶段的防治冲击地压措施

新建矿井的初步设计应融合防治冲击地压专项设计内容,在选择开拓方式、主要巷道布置、开采顺序、采煤方法、采煤工艺及开采保护层时应具备一定的防治冲击地压能力,做到主动防御。

(一) 开拓方式

开拓方式主要是指井筒的布置形式,根据井筒的倾角不同(水平、倾斜、垂直)分为平硐开拓、斜井开拓、立井开拓和综合开拓方式(平硐、斜井、立井中的任何两种或三种形式相结合进行开拓)四种形式。

在各种开拓形式中又有单一水平开采和多水平开采之分。在每个开采水平有上山开采、下山开采和上下山开采之分。煤层群开采时，水平大巷又有分层大巷、分组集中大巷和集中大巷之分。上下山和大巷层位布置又有煤层和岩层之分。

冲击地压矿井选择开拓方式并无特殊要求，目前，具有冲击危险的矿井一般埋深较大，大多采用立井开拓。

（二）主要巷道布置

主要大巷承担整个开采水平的煤炭和辅助运输（人员、矸石、材料、设备等）以及通风、排水和管线敷设任务，服务时间较长。当单水平开拓时，主要运输大巷要为全矿井生产服务，其使用年限更长，层位及方向选择更加重要。

我国早期的煤矿，大都采用煤层巷道，维护困难，特别是在厚煤层中维护费用高。20 世纪 60 年代初，开始转向采用岩石巷道，大巷、采区上下山以及厚煤层的工作面中间巷都普遍采用岩石巷道，维护状况好，维护费用低，对生产的通风、排水都起了很好的作用。但是掘进费用高，掘进速度慢，井下和地面矸石运输、处理系统复杂，对环境影响大。20 世纪 80 年代以后，随着改革开放和煤炭科技的发展，高产高效工作面的高速推进要求掘进速度快，伴随着煤巷掘进机械化程度的提高以及支护技术的提高，逐步向少掘岩巷、多掘煤巷的方向发展。

当煤层顶底板较稳定，煤层较坚硬，易维护，煤层起伏和断层、褶皱小时，在保证巷道较为平直，保证运输设备运行顺畅，没有瓦斯与煤的突出，无严重自然发火等情况下，优先采用了煤层大巷。

但是对于冲击地压矿井，在选择主要巷道布置方式时，主要应从有利于降低开拓巷道自身和形成的准备区域（采区、盘区、带区）的应力水平和冲击危险程度来考虑，主要巷道一般应选择布置在稳定的岩层中。为避开采动支承压力的不利影响，大巷应与煤层保持一定距离。根据我国经验，按围岩的性质，煤层赋存的深度、管理顶板的方法等不同，岩石大巷距煤层的距离一般为 10～30 m，同时还应慎重考虑岩石大巷所处层位的岩性，避免在岩性松软、吸水膨胀、易于风化、强含水的岩层中布置大巷。同时还应依据地应力方向合理确定主要巷道方向，避免与主应力方向直交，产生应力集中；不得将开拓巷道布置在严重冲击地压煤层中，不得将永久硐室布置在冲击地压煤层中，不应在冲击地压煤层巷道和硐室留底煤。如果确因条件限制留有底煤时，应制定对底板采取钻孔卸压、爆破卸压等卸压或底板加固措施。

（三）采区划分与开采顺序

传统的采区划分原则，是根据煤层地质条件、开采机械化水平、开拓及采准巷道布置综合确定。按照生产接替要求，一般应保证机械化工作面连续回采 1 年以上，综合机械化采煤工作面一翼长度应不小于 1 000～2 000 m。当然更要详细研究地质条件确定采区界限，特别是工作面回采不应逾越的各种特殊条件，如落差较大的断层或断层带、无煤区、向背斜轴、永久煤柱等。初期投产或达产的采区应尽量靠近主、副井底，缩短建设工期和降低投资。条件适宜时，中央双翼采区是采区划分的优越方案。近年来，一井一面高产高效工作面发展迅速，单翼采区更为有利，特别是冲击地压矿井，避免了采区巷道的两次冲击。

新建矿井采区开采顺序应遵循相对主井先近后远、逐步向井田边界扩展的前进式开采。

开采煤层群时，一般应采用先开采上层、再开采下层的下行式开采顺序。

矿井一翼内各采（盘）区应从一侧向另一侧逐区开采，不得间隔开采。开采缓倾斜煤层应沿倾斜方向采取上行或下行开采，依次逐段开采，不得跳采。相邻工作面应向同一方向推进，不得相向对采。避免人为形成孤岛、半孤岛高应力集中区。

采煤工作面开采和巷道掘进都会在开挖空间附近产生应力扰动，不同的采煤工作面、掘进工作面引起的应力扰动如果发生叠加，将会明显增大冲击危险水平。一般情况下，冲击地压危险区域采煤工作面和掘进工作面的支承压力影响范围可分别达到 200 m 和 100 m 以上，两个采煤工作面之间、采煤工作面与掘进工作面之间、两个掘进工作面之间应留有足够的作业间距。两个掘进工作面之间的距离不得小于 150 m，采煤工作面与掘进工作面之间的距离不得小于 350 m，两个采煤工作面之间的距离不得小于 500 m。若小于上述规定距离，必须停止其中一个工作面工作。相邻采区、相邻矿井间的采掘工作面也应遵守上述规定。

（四）保护层开采

开采煤层群时，应当根据煤层间距、煤层厚度、煤层及顶底板的冲击倾向性等情况综合考虑保护层开采的可行性，具备条件的，必须开采保护层。优先开采无冲击地压危险或弱冲击地压危险的煤层，有效减弱被保护煤层的冲击危险性。

保护层的确定及保护范围的计算参考煤与瓦斯突出煤层开采保护层

的有关规定。

二、采(盘)区设计阶段的防治冲击地压措施

(一) 采(盘)区巷道布置

由于岩层本身的重量以及地质构造等因素,岩体中存在有一定的应力,称之为原岩应力,未经采动的岩体内原岩应力处于平衡状态。工作面回采时,随着采空范围的增大,上覆岩层产生变形挠曲直至破坏垮落后,岩体内的应力将重新分布,并趋于新的平衡。

1. 开采后采煤工作面上覆岩层活动特征

顶板岩层的垮落,首先在于顶板岩层的破断,而后在于破断岩块的失稳。

(1) 基本顶的初次断裂

基本顶岩层悬露时的情况可近似地视其为"板",其四周的支承条件决定于四周采空的情况及煤柱的宽度。

基本顶岩层中,最大的弯矩绝对值发生在长周边的中点,即工作面中部上方顶板岩石中。当顶板岩层垮落时,首先在工作面中部上方岩层中形成平行于工作面方向的裂缝,基本顶岩层达到极限垮距时,岩层的断裂形式如图 4-1 所示。其断裂过程,先由长边中间沿工作面方向向两端扩展,而后由短边中间沿煤柱向两端扩展,裂缝在拐角处呈弧形,形成贯通,基本顶岩层在中间部分形成"X"形破断,随着破断时岩块间的失稳,形成了对回采工作空间安全上的不同威胁。

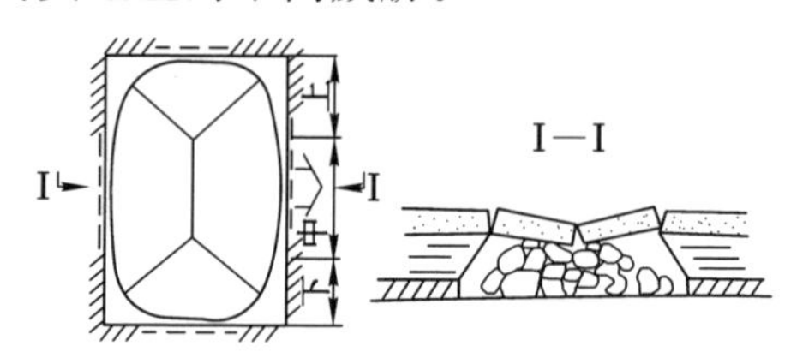

图 4-1　基本顶岩层初次的断裂形式

(2) 采煤工作面回采期间岩层移动

随着采煤工作面的推进,基本顶初次断裂后,上覆岩层也将逐步活动,上覆岩层破坏状态可分为垮落带、裂缝带和弯曲下沉带。

根据采煤工作面上覆各岩层的位移特点,采煤工作面回采期间上覆岩层的变形破坏特征如图 4-2 所示。

2. 采煤工作面矿山压力对采区巷道的影响

采煤工作面开采打破了顶板岩层原有的平衡状态,同时也破坏了原岩应力分布状态,从而导致岩块垮落,或使开采空间处于高应力状态。

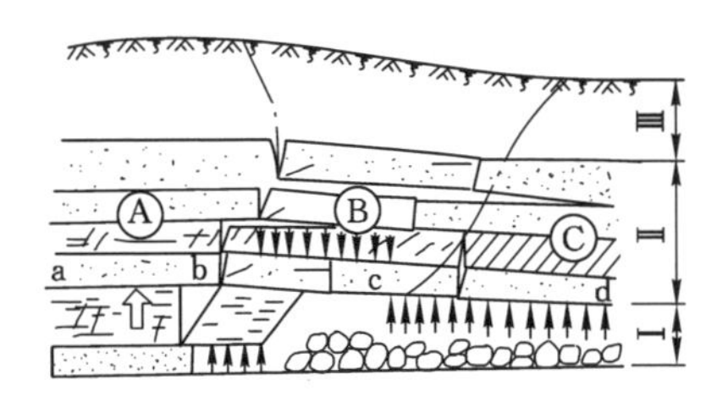

A—煤壁支撑影响区(a—b);B—离层区(b—c);C—重新压实区(c—d);

Ⅰ—垮落带;Ⅱ—裂缝带;Ⅲ—弯曲下沉带;α—支撑影响角。

图 4-2　采煤工作面上覆岩层变形破坏特征

(1) 采煤工作面周围支承压力分布

采煤工作面在开采过程中,导致围岩内的应力不断地趋于新的相对平衡状态。由于采掘空间原被采物承受的载荷转移到周围支承体上而形成的压力,称作支承压力。采煤工作面支承压力,常以其分布的范围、形式和峰值大小表示其显现特征,采煤工作面周围支承压力在层面内分布如图 4-3 所示。

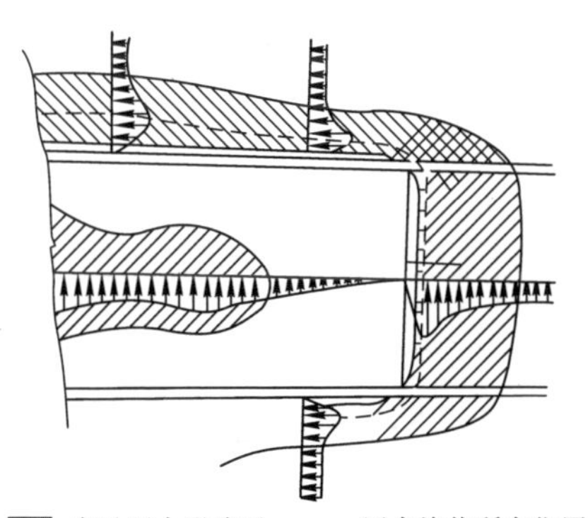

图 4-3　采煤工作面周围支承压力在层面内分布示意图

超前支承压力指采煤工作面煤壁前方形成的支承压力,它随着工作面的推进而不断向前移动。超前支承压力作用时间较短,且位置不断变化。采煤工作面推过一定距离后,采空区的垮落矸石由松散状态进入压实状态,此时所形成的最高应力峰值,根据上覆岩层形成的结构状态、超前支承压力峰值的位置可深入煤体内 2～10 m,其影响范围可达工作面前方 90～100 m。侧向支承压力指巷道一侧或两侧的支承压力,侧向支承压力不随工作面推进而移动。两个相邻采煤工作面间,相互形成了支承压力的叠加，在采煤工作面煤层凸出角处形成的叠加支承压力峰值达到最高，一般可达原岩垂直应力的数倍，高于原始应力，称为应力集中。

(2) 采煤工作面支承压力在底板岩层中的传播

支承压力在底板岩层中的传播，对于在煤层底板内布置采区巷道，或在煤层群分组开采时，在下部煤层中布置的采区巷道有一定影响。一般在上部煤层的煤柱下方为增压区，增压值最大处在工作面前方 10～12 m，采空区的下方为减压区，在工作面的后方 10～15 m，底板岩层有可能产生膨胀或上升现象。

3. 采区巷道受压后的一般状态

(1) 初期开掘巷道受压状况

巷道开掘后，打破了围岩原始应力状态，引起巷道围岩应力重新分布。由于岩层性质、厚度、结构和强度等方面的差异，因此围岩的物理力学性质也不相同，变形破坏形式也不同。由于各种围岩的强度相差甚大，受到矿压后会产生不同程度的变形，所以，围岩强度则成为影响巷道维护的重要因素。

由于采区内巷道一旦成巷，其位置是不能变动的，巷道围岩性质无选择余地，因此，认真分析开采方法对采区巷道矿压显现的影响，掌握回采动压对巷道维护的影响规律，以求巷道布置处于合理的位置，并安排恰当的开采顺序，避免巷道承受过大的压力而难以维护。

(2) 回采后巷道支承压力分布

回采引起的支承压力在煤柱上分布特征与采空区的关系，如图 4-4 所示。在紧靠采空区边缘压力低于原岩应力，在邻近采空区一段距离内，压力高于原始应力，称为应力集中区(图中 B 段)；在远离采空区处为原岩应力区(图中 A 段)。

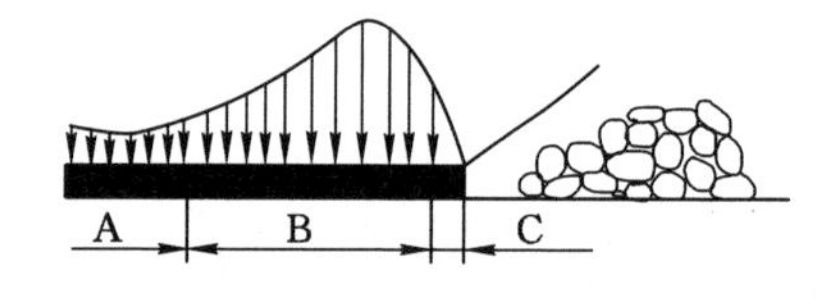

图 4-4　支承压力分布图

以倾斜长壁采煤法开采为例，由于采煤工作面是沿着煤层倾斜方向推采，采煤工作面周围的应力分布如图 4-5 所示。

回采引起的工作面前后方支承压力同工作面两侧的应力分布是密切相关的，反映了采动引起的应力重新分布的基本状况，对分析研究回采巷

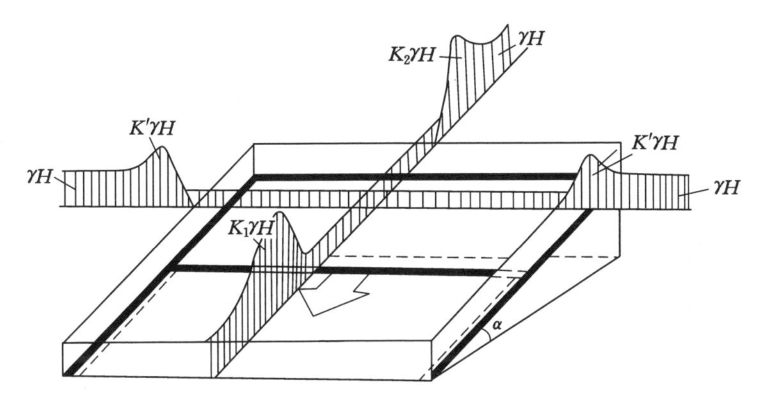

图 4-5　倾斜长壁工作面应力分布状况

道的维护十分重要，沿工作面前后方的应力分布如图 4-6 所示。

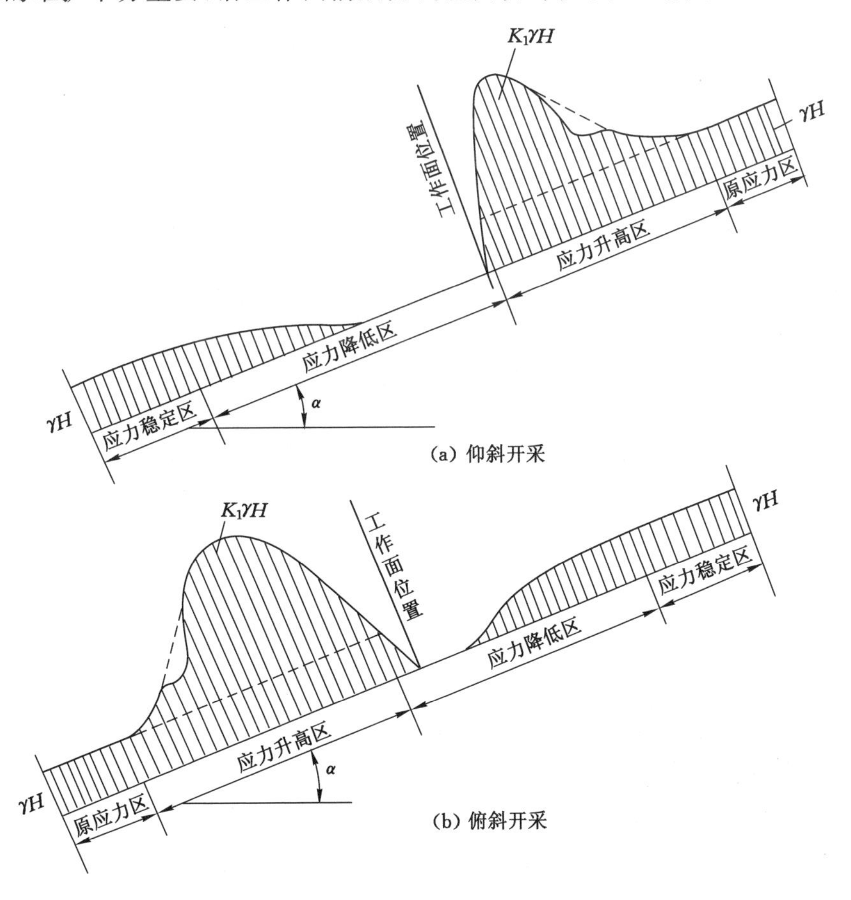

图 4-6　倾斜长壁采煤工作面前后方应力分布示意图

在工作面前方 2～3 m 顶板开始下沉，工作面后方 30 m 左右的范围内顶板下沉剧烈，最大下沉速度值约发生在工作面后方 13 m 附近，当距离达到 50～70 m 时，工作面的采动影响才逐渐消失。由于中间巷道顶板岩石采前会预先松动，尤其是工作面与中间巷道连接处的顶板预先发生破坏，巷道维护比较困难。

4. 采(盘)区巷道布置原则

采(盘)区巷道布置应结合前述采动应力分布，尽可能避开支承压力峰值范围。

回采巷道间煤柱尽量选用小煤柱，采用宽巷掘进，预留巷道变形量，释放部分能量积聚，少用或不用双巷或多巷同时平行掘进。

(二) 厚煤层回采工艺

具有冲击危险的薄及中厚煤层选择回采工艺时，与常规的回采工艺区别不大，但厚及特厚煤层的回采工艺与冲击地压密切相关。

厚煤层回采工艺分为分层开采和综采放顶煤开采。对比分析厚煤层综放开采和分层开采时采动应力场特征，实验室采用了数值模拟计算，采场围岩的矿压分布特征如图 4-7 和图 4-8 所示。

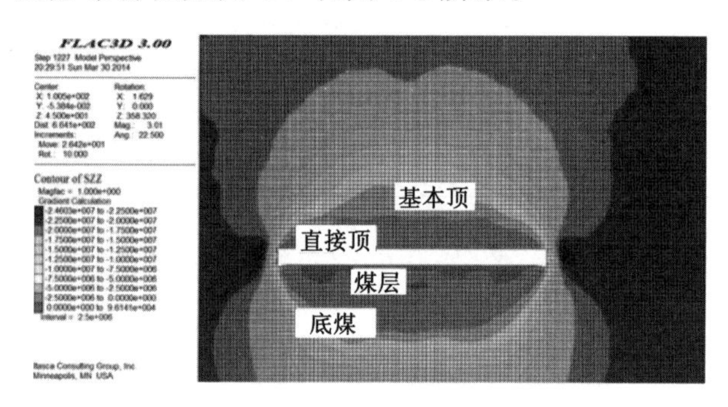

图 4-7　厚煤层分层开采采场应力云图

从分层开采条件下采场应力云图可以看出，采场围岩出现了明显的应力分区，在工作面后部和工作面煤壁前方出现了应力集中，采空区和控顶区为低应力区，顶分层开采时上述两个应力集中区更靠近采场煤壁自由面，顶底板拉应力明显大于综放开采，垂直应力集中区峰值明显大于综放开采，因此说明顶分层开采更易发生冲击地压，该结论也得到了实践验证。

图 4-9 为选择不同回采工艺时，在工作面煤壁前方相同位置处的超前支承压力曲线对比图。图中曲线表明，工艺不同，工作面超前支承压力大

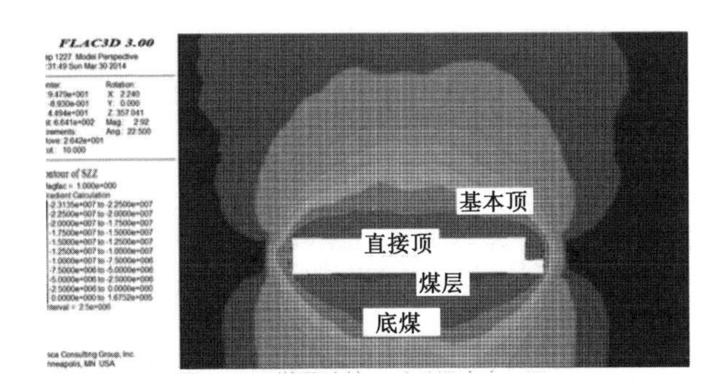

图 4-8　厚煤层综放开采采场应力云图

小和峰值位置也不同。分层开采时，尤其顶分层开采存在较大的应力集中系数，峰值位置距离工作面煤壁较近，在峰值之后，应力值迅速下降。综放开采时应力峰值位置远离工作面煤壁，应力集中系数相对较小，并且存在一个峰值区，峰值分布范围大，下降缓慢。

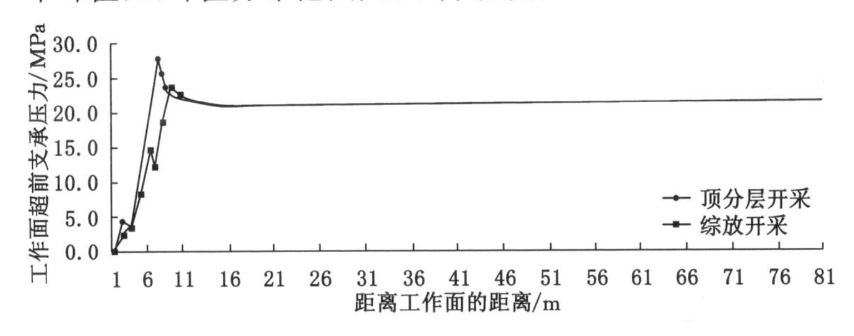

图 4-9　不同落煤工艺时工作面超前支承压力对比图

两种回采工艺的超前支承压力峰值的大小关系为：顶分层开采大于综放开采；超前支承压力峰值深入煤壁距离的大小关系为：综放开采大于顶分层开采。因此分层开采时，尤其是顶分层开采时，工作面煤壁前方存在较大的集中应力，峰值距离工作面的自由面最近，煤壁前方产生较窄的塑性区，该区煤体强度变为残余强度，承载能力降低，前方较高的应力集中很容易瞬间超过该残余强度，使煤壁附近煤体变为能量传递介质，导致其冲向采场形成冲击地压。但是，综放开采时，无论是采场应力云图还是工作面超前支承压力曲线，都能看到高应力集中区域距离工作面煤壁较远，并且峰值较分层开采小。所以这种采煤工艺致使煤壁前方高集中应力迅速前移，并在煤壁前方形成较宽的塑性变形区，阻止前方煤体冲击的能力较强，而此时的高应力峰值又较小，分布范围大，因此，综放开采有利于防治冲击地压。

大量的工程实践表明，对于具有冲击危险性的厚煤层，当采用分层开采时，常常因开采顶分层时的应力过于集中而导致冲击地压的发生，甚至造成人员伤亡和设备损坏。

从防治冲击地压角度出发，顶分层开采存在以下冲击危险。

1. 顶分层开采矿压显现强烈

顶分层开采时，工作面上方直接为顶板岩层，其顶板活动带来的集中动载荷将直接作用于采场围岩，支承压力峰值距煤壁较近，应力集中系数较大，冲击危险性增加。

2. 顶分层开采留设底煤易发生底板冲击

在采用顶分层开采时，工作面底板为煤层，而煤层本身的强冲击倾向性则易发生底板型的冲击地压事故。其发生机理就是在矿山采动或采掘工作面扰动下诱发底板煤岩层变形能的瞬时释放，表现为底板煤岩层突然向上凸出，引起采掘空间围岩、设备破坏的冲击地压灾害。

3. 顶分层开采时留设煤柱影响下分层

采用顶分层开采时，不可避免地需要留设各种煤柱，而煤柱附近煤体应力集中程度大，更为重要的是煤柱上集中应力不仅对本煤层开采具有影响，还向相邻煤层传递，对相邻煤层冲击地压的应力条件构成影响，甚至导致冲击地压的发生。因此，在下分层开采时，无论是掘进还是回采都不可避免受到上方煤柱产生的高应力的影响，使得在采掘扰动下容易诱发冲击地压。

4. 下分层开采时巷道难以维护

在顶分层开采之后，采场围岩发生破坏，周围煤体经历一次卸载运动，当下分层进行开采时，由于其巷道开掘于煤体之中，巷道围岩煤体受上分层开采影响，强度大为降低，因此巷道变形大，易发生冒顶、片帮、底鼓等现象。当上分层形成的假顶出现破损、腐烂时，容易导致垮落矸石漏顶，还会出现支柱窜破假顶、倒架等现象，甚至发生较大面积的推垮型冒顶。

综上所述，厚及特厚煤层回采工艺应采用综采放顶煤开采工艺。

（三）煤柱留设

留设煤柱保护采准巷道是我国煤矿采取的主要护巷方法，国外也是如此。但是煤柱是应力集中的部位，孤岛型和半岛型煤柱要受到几个方向的应力叠加作用，承受的集中应力更高，在煤柱附近更易引起冲击地压。一方面，如果临界煤柱尺寸太大，存在不稳定的弹性核，导致煤柱不能平稳地进入屈服状态，或在顶底板永久破坏前屈服。另一方面，如果煤柱的尺寸太小，不能完全承受其上的支承载荷。因此，合理的煤柱设计不仅要能保证巷道内支护质量和人员设备安全，在具有冲击地压危险的矿井，还要能降低冲击地压危险性。

从图 4-10 可以看出，屈服煤柱和承载煤柱都能够有效地保证巷道的稳定性。承载煤柱的弹性核区较宽，能够支撑上覆岩层所施加的载荷，煤柱不易发生突然失稳破坏，起到支撑作用。屈服煤柱容许巷道和煤柱在侧向支承压力作用下产生一定的变形，把大量的载荷转移到周围的实体煤中，降低自身的应力集中程度，防止大量弹性能积聚后的突然释放造成煤柱型冲击地压发生，相比承载煤柱可以节省大量的煤炭资源。

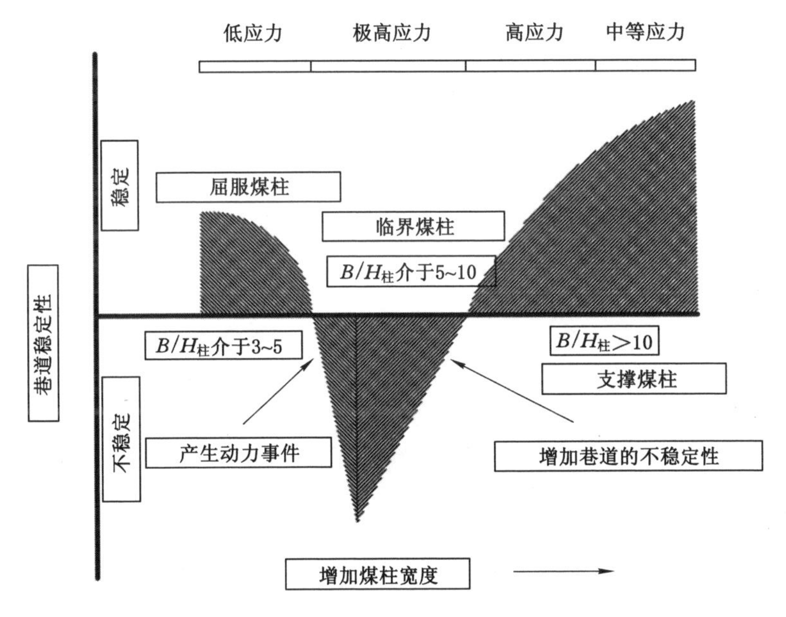

图 4-10　煤柱宽高比 $B/H_{柱}$ 与承载特性关系

1. 承载煤柱计算

国内外研究普遍认为，护巷煤柱上的载荷，是由煤柱上覆岩层重量及煤柱一侧或两侧采空区悬露岩层转移到煤柱上的部分重量所引起的。考虑一侧采空的情况如图 4-11 所示。

煤柱载荷为：

$$P=\left[(B+\frac{L}{2})\times H-L^2\cot\frac{\delta}{8}\right]\gamma \tag{4-1}$$

式中　P——煤柱面载荷，kN/m²；

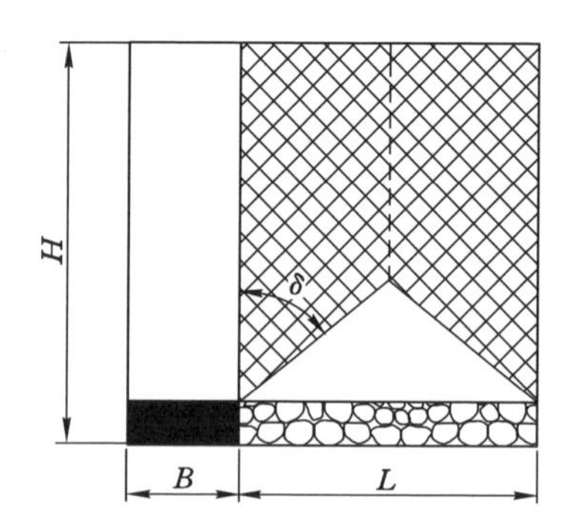

图 4-11　一侧采空承载煤柱

B——煤柱宽度，m；

L——采空区宽度，m；

H——开采深度，m；

δ——采空区上覆岩层垮落角，上覆岩层为较坚硬岩层时，取 70°；

γ——上覆岩层平均容重，kN/m^3。

考虑两侧采空的情况时如图 4-12 所示。

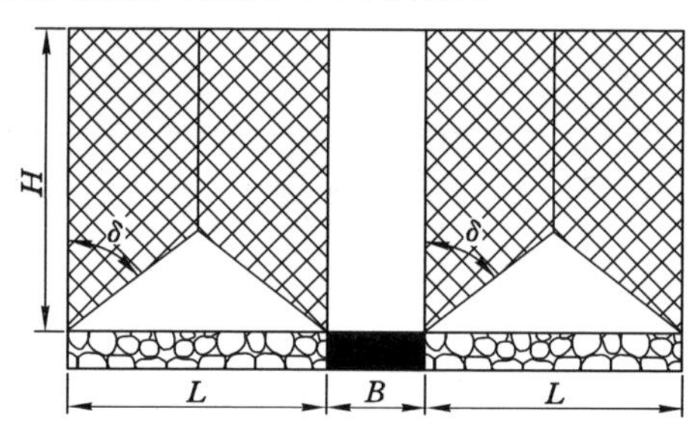

图 4-12　两侧采空承载煤柱

此时煤柱载荷为：

$$P=\left[(B+L)\times H-\frac{L^2\cot\delta}{4}\right]\gamma \tag{4-2}$$

对于煤柱可以承受的极限载荷，可按照库伦-莫尔强度准则确定三轴应力状态下的抗压强度值 σ_{ymax}。

$$\sigma_{ymax}=2C_1\sqrt{\frac{1+\sin\varphi_1}{1-\sin\varphi_1}}+\frac{1+\sin\varphi_1}{1-\sin\varphi_1}\sigma_3 \tag{4-3}$$

式中　C_1——煤的内聚力；

φ_1——煤的内摩擦角。

计算得：

$$\sigma_{y\max} \approx 3\sigma_3 \tag{4-4}$$

大量的地应力测量资料也表明，平均水平主应力与垂直应力的比值随深度增加而减小，并向1附近集中。这说明地壳深部可能出现静水压力状态。

假设煤柱稳定的极限为煤柱核区平均应力达到 $3\gamma H$，则三向应力状态下煤柱应力分布如图4-13所示。此时煤柱能够承受的极限载荷为：

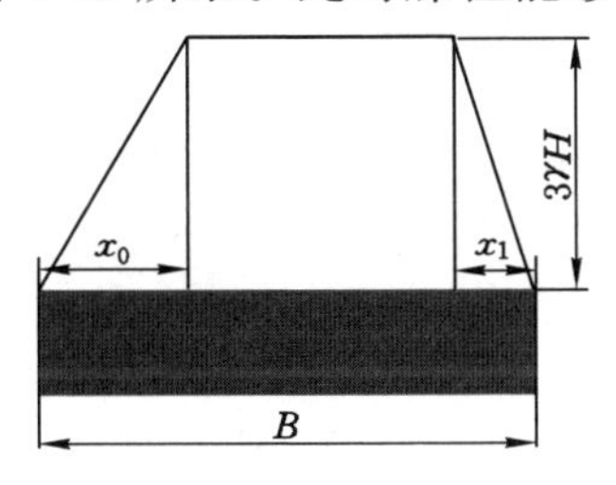

图4-13　煤柱应力分布

$$P_{极限} = 3\gamma H(B - x_0 - x_1) + \frac{3\gamma H}{2}(x_0 + x_1) \tag{4-5}$$

式中　x_0——采空区侧煤柱塑性区的宽度；

x_1——煤柱巷道侧塑性区的宽度。

采空区侧煤柱塑性区的宽度 x_0 可在井下直接测定，也可按以下方法确定：

$$x_0 = \frac{H_{柱} A}{2\tan\varphi_0}\ln\left(\frac{K\gamma H + \dfrac{C_0}{\tan\varphi_0}}{\dfrac{C_0}{\tan\varphi_0} + \dfrac{P_0}{A}}\right) \tag{4-6}$$

式中　$H_{柱}$——煤柱高度；

K——支承压力峰值处的应力集中系数；

C_0——塑性区与弹性区交界面处的内聚力；

φ_0——交界面处的内摩擦角；

P_0——采空区侧巷道支护阻力；

A——侧压系数。

根据应力极限平衡原理，煤柱巷道侧塑性区宽度 x_1：

$$x_1 = \frac{h_{巷} A}{2\tan\varphi_1}\ln\left(\frac{K\gamma H + \dfrac{C_1}{\tan\varphi_1}}{\dfrac{C_1}{\tan\varphi_1} + \dfrac{P_0}{A}}\right) \tag{4-7}$$

式中 $h_{巷}$——巷道高度；

C_1——煤体的内聚力；

φ_1——煤体的内摩擦角；

其他符合同前。

同时在煤柱中还存在一定宽度的弹性核，弹性核增加煤柱的承载能力，同时可以避免两峰值压力附近的叠加影响。根据矿压理论，弹性核宽度通常取煤柱高度的两倍。

以某矿为例，某盘区采深 $H=650\sim780$ m。分层开采，上分层一般为 10～12 m，巷道高度 4 m，煤柱一侧高为 4 m，另一侧高为 12 m。按较稳定的围岩条件进行计算，C_0 取 0.2 MPa，φ_0 取 20°，支护阻力 P_0 取 0.2 MPa，侧压系数 A 取 0.6。

采空区侧煤柱塑性区的宽度 $x_0=39.6\sim47.1$ m。

煤柱巷道侧塑性区宽度 $x_1=4.3\sim4.6$ m。

弹性核宽度取 16 m。

承载煤柱宽度应为塑性区与弹性区宽度之和，即大于(39.6～47.1)＋(4.3～4.6)＋16＝59.9～67.7(m)。

通过计算发现，塑性区大小的主要影响因素有：煤体应力集中程度、采深、煤厚以及侧压系数等。取不同的参数值，计算结果差别较大，因此具体计算时要结合实际的煤岩性质与井下的实测结果。

2. 屈服煤柱计算

屈服煤柱宽度理论计算公式为：

$$W_1=\frac{h_{平}\beta}{2\tan\varphi_1}\ln\left[\frac{\beta(\sigma_{yl}\cos\alpha\tan\varphi_1+2C_1+h_{平}\gamma_1\sin\alpha)}{\beta(2C_1+h_{平}\gamma_1\sin\alpha)+2P_x\tan\varphi_1}\right]\tag{4-8}$$

式中 $h_{平}$——区段平巷高度；

α——煤层倾角；

β——屈服区与核区界面处的侧压系数，$\beta=\mu/(1-\mu)$；

μ——泊松比；

φ_1——煤体的内摩擦角；

C_1——煤体的内聚力；

σ_{yl}——煤柱的极限强度；

γ_1——煤体的平均体积力；

P_x——垮落岩石、支护设施等对煤柱的侧向约束力。

上式给出的是上侧煤柱(上侧煤柱是指巷道的上侧方是采空区，下侧

煤柱是指巷道的下侧方是采空区)的煤体屈服区宽度计算公式,下侧煤柱的煤体屈服区宽度计算公式为:

$$W_2 = \frac{h_{平}\beta}{2\tan\varphi_1}\ln\left[\frac{\beta(\sigma_{y1}\cos\alpha\tan\varphi_1 + 2C_1 - h_{平}\gamma_1\sin\alpha)}{\beta(2C_1 - h_{平}\gamma_1\sin\alpha) + 2P_x\tan\varphi_1}\right] \tag{4-9}$$

考虑生产扰动对煤体屈服区宽度的影响,在公式中引入开采扰动系数,故煤体屈服区宽度的通用公式如下:

$$W = \frac{dh_{平}\beta}{2\tan\varphi_1}\ln\left[\frac{\beta(\sigma_{y1}\cos\alpha\tan\varphi_1 + 2C_0 \pm h_{平}\gamma_1\sin\alpha)}{\beta(2C_1 \pm h_{平}\gamma_1\sin\alpha) + 2P_x\tan\varphi_1}\right] \tag{4-10}$$

式中　d——开采扰动系数,$d=1.3\sim3.0$;

"+"——煤柱上侧;

"-"——煤柱下侧;

其他符号同前。

根据弹塑性理论求得巷道围岩塑性区宽度:

$$R = r_0\left\{\left[\frac{\gamma_1 H\tan\varphi_1 + C_1}{P_i\tan\varphi_1 + C_1}\cdot(1-\sin\varphi_1)\right]^{\frac{1-\sin\varphi_1}{2\sin\varphi_1}} - 1\right\} \tag{4-11}$$

式中　γ_1——煤体的平均体积力;

H——采深;

P_i——支护阻力;

φ_1——煤体的内摩擦角;

C_1——煤体的内聚力;

r_0——巷道等效半径。

煤柱合理宽度为:

$$W = kW_0 = k(W_1 + R) \tag{4-12}$$

式中　W_0——煤柱理论计算宽度;

k——安全系数,$k=1.13\sim1.43$,现场实践一般取1.4。

表4-1为某矿某盘区合理煤柱计算时的基础参数表。

表4-1　某矿某盘区合理煤柱计算时的基础参数表

参数	$h_{平}$/m	α/(°)	φ_1/(°)	γ_1/MPa	γ_0/MPa	μ	β	C_1/MPa	H/m	P_x/MPa	P_i/MPa	d	r_0/m
数值	4	0	36	0.023	0.013	0.29	0.39	1.0	650～780	0	0.2	1.8	2.5

将上述参数代入公式得:

$$W_{1上}=2.261\ m;R_{上}=1.861\ m$$

计算得煤柱合理宽度为：

$$W_{上}=1.4\times(2.261+1.861)\ m=5.772\ m$$

分析以上的计算结果，较合理的屈服煤柱宽度为 6 m。

虽然留设小煤柱提高了工作面采出率，在开采初期，小煤柱承载能力弱，不易发生冲击地压，但是小煤柱将所受载荷转移到了巷道工作面一侧的实体煤中，增大了工作面一侧发生冲击地压的危险，同时小煤柱对防漏风、防灭火、防水是不利的，且不易隔开本工作面上覆岩层与邻近采空区上覆岩层的相互影响，容易引起多工作面覆岩的复合运动。

（四）推采速度

工作面的推进速度，一般是根据采煤工艺要求、劳动组织和煤层的自燃发火期等因素确定的，它是确定工作面长度的因素之一。对于冲击地压矿井，推采速度是诱发冲击的因素之一。

统计结果表明，低能量的矿山震动次数、能量与开采速度呈近线性正相关，而高能量矿山震动与开采速度呈非线性关系，如图 4-14 所示。开采速度越快，矿震的震动次数和能量越高。推采速度的增加，使低能量所占成分发生显著变化，低能量微震向高能量微震方向发展，冲击的危险性升高。

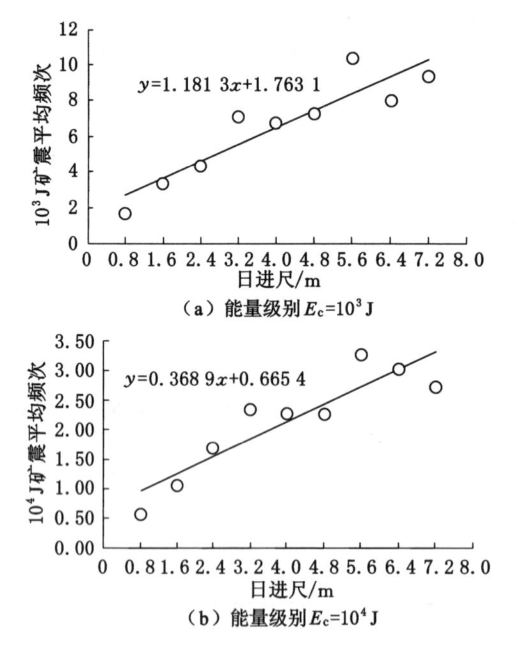

图 4-14　不同开采速度下的各能量级别的震动次数、能量的变化规律

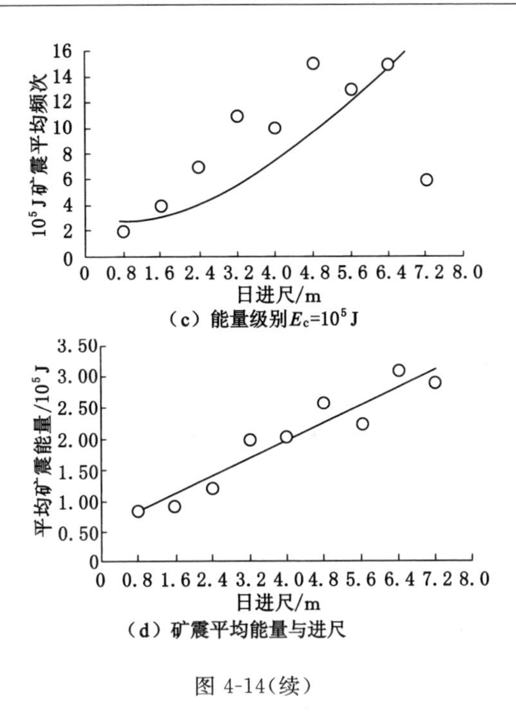

（c）能量级别E_c=10^5 J

（d）矿震平均能量与进尺

图 4-14(续)

因此，控制推采速度可以控制低能量矿震的发生次数和释放能量，慢匀速推采能有效地减少矿震发生的次数。由于开采技术条件和地质构造条件的不同，应根据具体条件合理确定工作面防止冲击地压发生的最有利的推进速度。

根据陕西彬长矿区的经验，强、中等及弱冲击危险区域的掘进速度分别不超过 10 m/d、12.4 m/d 和 14.8 m/d。强、中等及弱冲击危险区域的采煤工作面推进速度分别不超过 4.0 m/d、6.4 m/d 和 8.0 m/d。

（五）工作面停采线位置

工作面停采线位置，应确保采(盘)区巷道处于超前支承压力低应力区。

停采线煤柱主要由三部分组成：

$$B = x_0 + L + x_1 \tag{4-13}$$

式中　x_0——工作面前方塑性区范围；

x_1——采(盘)区巷道塑性区范围；

L——大巷保护煤柱弹性区范围。

塑性区宽度可根据公式(4-7)确定。参照前述煤柱留设的实例计算结果，取 x_0=47.1 m，x_1=4.6 m。

确定停采线煤柱中弹性核长度时要考虑煤柱的承载能力，由于停采时沿走向上覆岩层已充分下沉，参照条带开采煤柱的设计方法，假设煤柱需额外承受宽度为 0.3H 的覆岩重量，如图 4-15 所示。

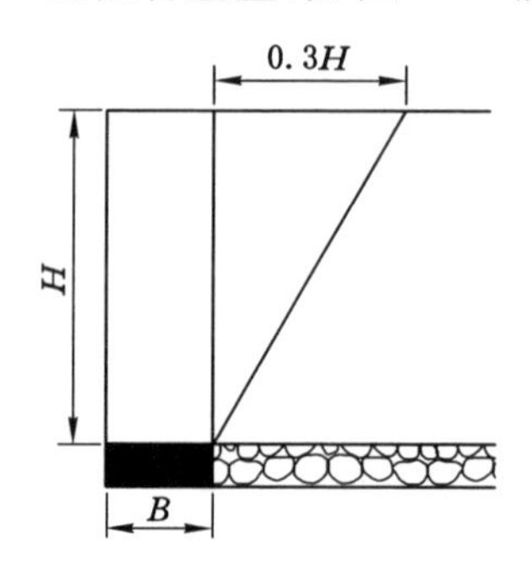

图 4-15　停采线煤柱承受载荷

即：

$$3\gamma H(B-x_1-x_0)+\frac{3\gamma H}{2}(x_1+x_0)>(B\times H+\frac{1}{2}\times 0.3H\times H)\gamma \tag{4-14}$$

计算结果得：$B>97.3$ m，将计算结果取 1.5 倍安全系数，则 B 约为 150 m。具体宽度应根据回采时工作面超前影响范围做适当调整，个别矿井留 200 m。

收尾后撤架空间正处在来压期间，时空条件最为不利。相反，如果收尾后撤架空间处于来压刚过，围岩相对最为稳定的时期，则是最有利的撤架时空条件。

第二节　钻孔卸压

一、钻孔卸压原理

钻孔卸压的原理就是在煤体的应力集中或潜在应力集中区，施工一系列大直径钻孔，产生自由空间，改变煤体的应力分布，使煤体-围岩系统聚集的弹性能得到缓慢释放，降低应力集中，达到防治冲击地压效果的一种卸压方法。

如图 4-16 所示，煤体在顶板岩层作用下，σ_z表示工作面前方煤体上的压力曲线，σ_k表示发生冲击地压的极限应力值，即煤体的应力达到该值时将可能发生冲击地压。

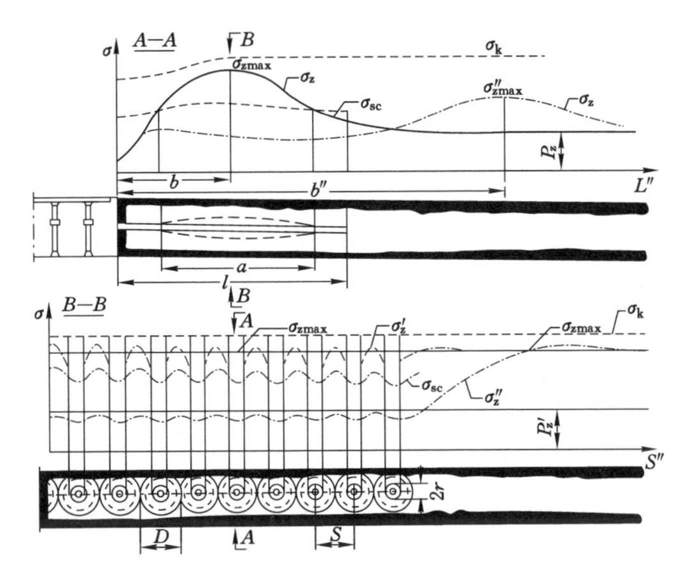

图 4-16　煤体钻孔对应力分布的影响示意图

从煤壁开始，当煤层上覆的压力 σ_{zmax} 达到最大值，并接近于极限应力值时，说明冲击地压危险性很大。这种情况下，采用直径 $d=2r$，长 l 的钻孔，钻孔中部受挤压的长度为 a，结果使钻孔煤体的压力降为 σ_{sc}。应力 σ_z 越高，钻孔受挤压移动的程度就越大。

在支承压力区域内，用大直径钻头钻孔，降低其应力值，而钻孔局部范围出现小的应力集中 σ'_z，当该应力 σ'_z 超过钻孔壁的强度时，随着时间的推移，钻孔间煤体的风化与压裂，结果在每个钻孔周围直径为 D 的范围内卸压。

因此，在布置钻孔时，其间距 S 至少等于 D。这样，在一定范围内，应力降低。应力最高点 σ''_{zmax} 距煤壁的距离移至 b''。应注意，钻孔形成的卸压带使煤体松动，且不能聚集弹性能以及形成永久屈服变形。

二、煤层卸压钻孔

（一）煤层卸压钻孔参数

1. 卸压区域

施工卸压钻孔的区域为通过冲击危险性评价确定的弱冲击危险区、中等冲击危险区和强冲击危险区。采煤工作面和煤巷掘进工作面卸压区域分别为：

采煤工作面卸压区域应覆盖工作面采动影响区，且至少超前工作面 200 m，在工作面前方两巷施工。

煤巷掘进工作面卸压钻孔区域应至少超前迎头 20 m，在迎头与巷道两帮施工。

2. 卸压钻孔深度

卸压钻孔深度应超过煤壁支承压力峰值位置。

煤层开采厚度小于 3.5 m 时，钻孔深度一般不小于 15 m；煤层开采厚度为 3.5～8 m 时，钻孔深度一般不小于 20 m；煤层开采厚度大于 8 m 时，钻孔深度一般不小于 25 m。

掘进巷道迎头的钻孔深度一般不小于 20 m。

3. 卸压钻孔直径

煤层钻孔直径一般为 100～200 mm。

4. 卸压钻孔间距

(1) 卸压钻孔间距确定原则。卸压钻孔间距应保证各钻孔周围的卸压区相互贯通，形成弱化带。

卸压钻孔间距一般为 1～3 m，也可先按下式计算，再根据经验类比法调整确定：

$$D = kd\sqrt{1+\frac{1}{K}} \tag{4-15}$$

式中 D——卸压钻孔间距，m；

k——卸压钻孔间距的危险性修正系数，与钻孔排粉有关。排粉质量比 $b=m'/m$，m' 为单个卸压钻孔单位长度实际排粉质量，m 为单个卸压钻孔单位长度计算排粉质量，$m=\rho\pi d^2/4$，ρ 为煤层密度，kg/m^3。对于弱冲击危险区 $1.5\leqslant b<2$，$k=18.84$；中等冲击危险区 $2\leqslant b\leqslant 3$，$k=12.56$；强冲击危险区 $b>3$，$k=6.28$；

d——卸压钻孔施工钻头直径，m；

K——变形模量指数，$K=\lambda/E$；

λ——应力应变曲线峰值后软化模量，MPa；

E——应力应变曲线峰值前弹性模量，MPa。

(2) 当现场实测单排布置卸压效果达不到要求时，需双排“三花”布置。

(二) 煤层卸压钻孔布置

1. 掘进巷道卸压钻孔布置

(1) 掘进工作面迎头卸压钻孔布置

掘进工作面迎头卸压钻孔布置见图 4-17。

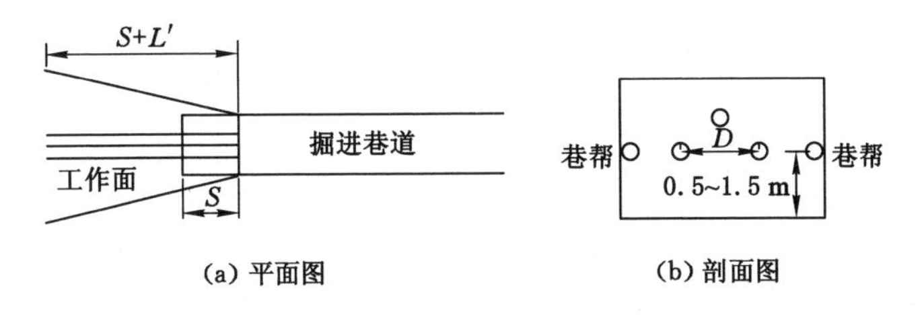

(a) 平面图　　(b) 剖面图

图 4-17　掘进巷道工作面煤层卸压钻孔布置示意图

① 对于弱冲击危险区和中等冲击危险区，掘进工作面迎头一般施工一个或两个卸压钻孔，单孔施工时，卸压钻孔应布置在巷道中间处；

② 对于强冲击危险区，掘进工作面迎头施工三个卸压钻孔，一般为"三花"布置，相邻钻孔孔口间距 D 为 0.8～1.2 m；

③ 掘进工作面迎头距交叉点或贯通点 30 m 时，应在"三花"布置的基础上，在工作面迎头两侧各增加一个卸压钻孔，钻孔终孔位置控制在巷道轮廓线以外 8～10 m；

④ 卸压钻孔深度为 $S+L'$，其中 S 为计划进尺，L' 为掘进迎头支承压力峰值距煤壁距离，一般不小于 8 m。钻孔距底板的距离为 0.5～1.5 m，与巷道坡度一致，垂直迎头煤壁施工。

(2) 掘进巷道帮部卸压钻孔布置

掘进巷道帮部煤层卸压钻孔布置见图 4-18。

① 卸压钻孔施工滞后巷道工作面的距离 X 一般为 5～20 m，强冲击危险区取下限值，弱冲击危险区取上限值；

② 掘进巷道为实体煤巷道时，卸压钻孔施工在巷道两帮；

③ 掘进巷道为沿空巷道(采用小煤柱护巷)时，卸压钻孔施工在巷道的实体帮；

④ 卸压钻孔深度不小于支承压力峰值距煤壁距离，且不小于 1.5～2 倍巷道宽度。钻孔间距 D 按式(4-15)计算，卸压钻孔距巷道底板的距离一般为 0.5～1.5 m，施工方向垂直巷道轴向。

2. 采煤工作面卸压钻孔布置

(1) 回采巷道卸压钻孔布置

实体煤工作面回采巷道的卸压钻孔布置见图 4-19。

① 卸压钻孔布置在回采巷道两帮，施工超前工作面的距离 X 不小于 200 m，卸压钻孔间距按式(4-15)计算，卸压钻孔至巷道底板的距离为

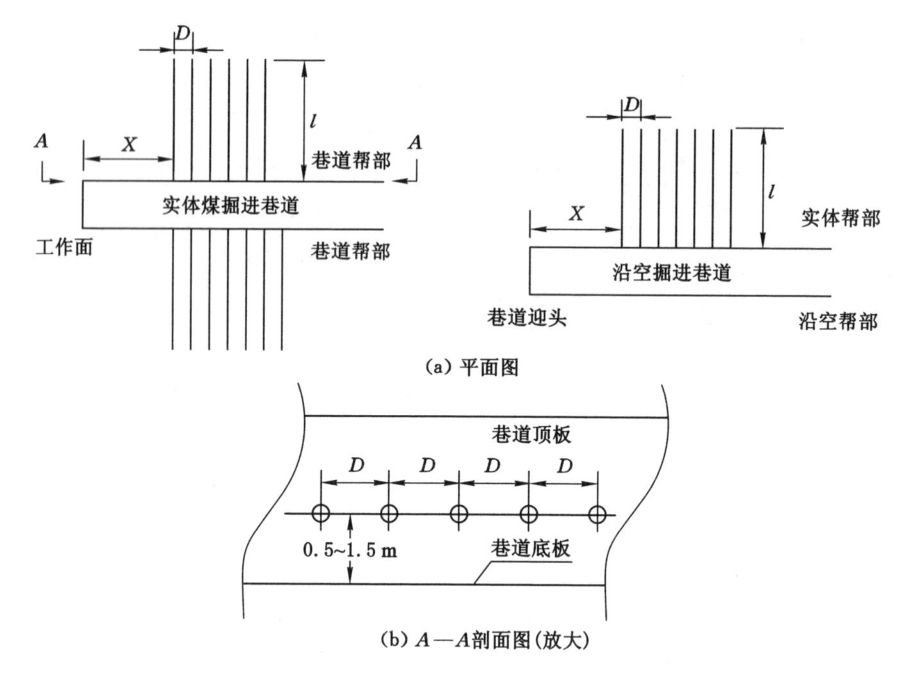

图 4-18　掘进巷道帮部煤层卸压钻孔布置示意图

0.5～1.5 m，施工方向垂直巷道轴向；

② 对于采用小于 6 m 的小煤柱护巷的工作面，小煤柱侧不布置钻孔，其他卸压钻孔布置与实体工作面相同；

③ 对于采用宽度大于 15 m 的宽煤柱护巷的工作面，煤柱侧卸压钻孔应留有不小于 5 m 的保护宽度，其他施工参数与实体煤工作面相同；

④ 对于采用宽 6～15 m 煤柱护巷的工作面，应依据煤体坚硬程度或煤柱应力监测结果，决定是否布置煤柱侧卸压钻孔，其他施工参数与实体煤工作面相同；

⑤ 扩巷维修前需进行钻孔卸压，卸压钻孔深度为巷道支承压力峰值位置距煤壁距离与扩巷的尺寸之和。

(2) 采煤工作面煤壁卸压钻孔布置

采煤工作面煤壁卸压钻孔布置见图 4-20。

① 采煤工作面卸压钻孔深度为 $L'+S$，其中 L' 为工作面支承压力峰值位置距煤壁距离，S 为工作面计划进尺；

② 卸压钻孔间距 D 按式(4-15)计算，卸压钻孔距底板的距离为0.5～1.5 m，钻孔垂直工作面煤壁布置，靠近回风巷侧的卸压钻孔距离上端头不大于 8 m，靠近进风巷侧的卸压钻孔距离下端头不大于 8 m。

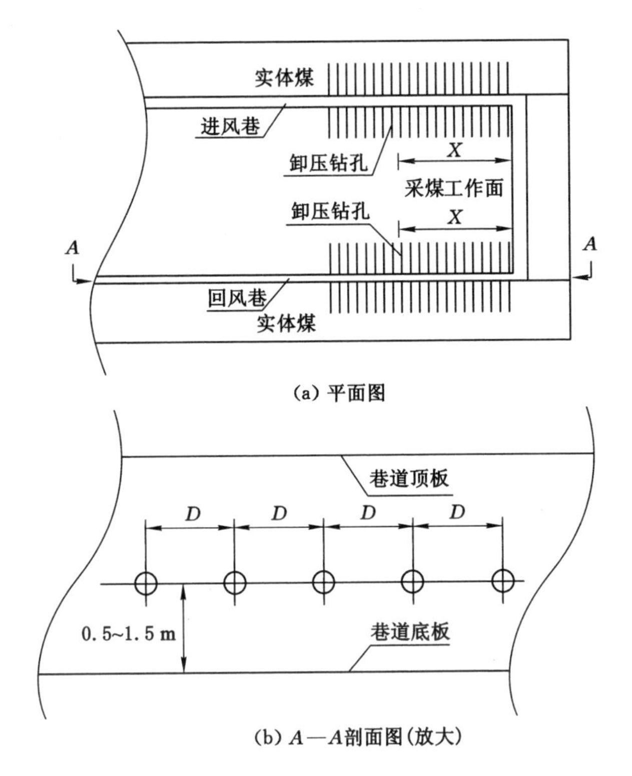

图 4-19　实体煤工作面回采巷道的卸压钻孔布置示意图

三、煤层解危钻孔

（一）解危钻孔参数

1. 解危区域

解危钻孔施工区域为现场监测分析有冲击危险区域，或现场观测有冲击显现的区域。

2. 解危钻孔直径

解危钻孔直径应大于或等于卸压钻孔直径。

3. 解危钻孔深度

解危钻孔深度应大于卸压钻孔深度 5～10 m。

4. 解危钻孔间距

解危钻孔间距可采用由大到小的步骤确定。首先以钻孔间距为 1.0 m 进行施工，若施工完第一轮钻孔后没有消除冲击危险，在第一轮钻孔中间补打钻孔，进行第二轮钻孔施工，若三轮以上施工后仍未消除冲击危险，可采取其他解危办法。

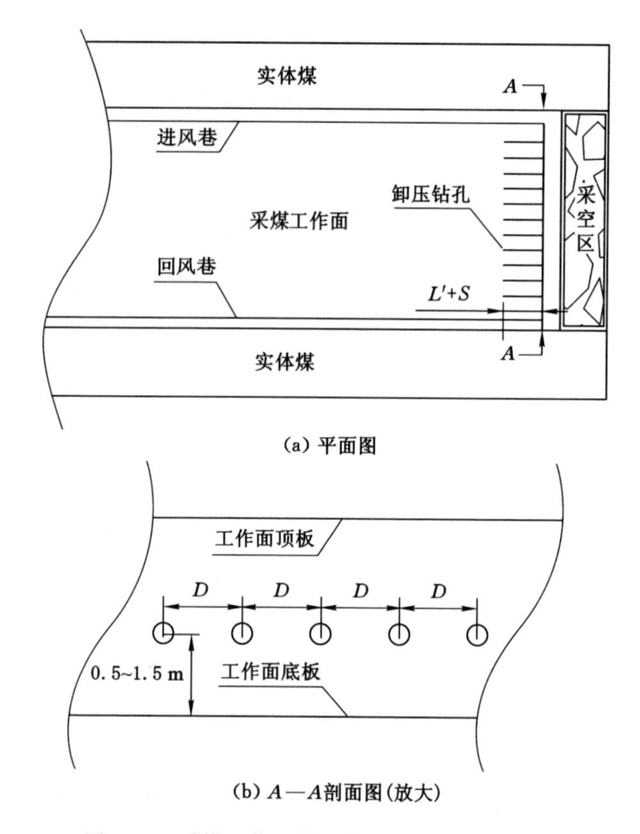

图 4-20　采煤工作面煤壁卸压钻孔布置示意图

（二）钻孔施工要求

1. 施工原则

一般由外向里施工，从距危险区域一侧 10～15 m 处开始，按照设计钻孔间距逐渐向危险区域施工，直到冲击危险区域另一侧 10～15 m 处。

2. 封孔要求

煤层大巷、上下山、主要煤层硐室布置解危钻孔后，应对锚杆长度范围内的钻孔进行封孔。

3. 施工顺序

掘进工作面应先施工帮部钻孔，再施工工作面迎头钻孔。

（三）卸压效果评价

煤层钻孔卸压效果优先推荐根据实施钻孔卸压后的钻屑煤粉量指标评价为主，应力变化量、电磁辐射指标、地音指标、微震指标等其他评价方法为辅，相应指标的临界值参考相应标准执行。

四、大直径钻孔施工安全措施

(1) 打钻前，先检查巷道支护情况，巷道支护不合格的或有问题时，先处理再施工。

(2) 打钻地点若出现较大的煤量突出，煤壁突然外鼓，或煤壁有连续响声、煤炮声，围岩活动明显加剧，支护变形，压力持续增加等现象时，应停止施工，将人员撤到安全地点，待确认无危险后方可继续施工。

(3) 打钻过程中若出现吸钻、顶钻、卡钻或钻屑量突然增加等动力显现现象时，操作钻具人员尽可能远距钻后操作，除安全撤出钻杆外，不得随意进入煤壁处逗留。

(4) 为了预防施工大直径钻孔时诱发冲击地压，钻机操作人员必须时刻监视煤壁和钻孔内动态异常情况，清理好退路，发现险情立即停钻撤出。

(5) 打钻时若伴随出现严重动力现象时要抽出钻杆，待压力稳定后再工作。因压力所致卡死钻杆后要在该孔附近 1～2 m 处另行打钻。

(6) 作业地点要做好孔口洒水灭尘以及个人防尘工作。钻孔要用黄泥封口，封口长度不得小于 200 mm。

(7) 钻孔煤粉要用水冲湿后及时清运。

第三节　煤层爆破卸压

一、爆破卸压原理

爆破卸压的实质是在煤层中进行有限制的爆破，通过爆破对局部松动破坏，在煤体中形成一个松散带，使集中应力转移至煤体深部，从而达到降低冲击危险的一种冲击地压防治方法。根据卸压目的的不同，爆破卸压分为松动爆破和解危爆破。

松动爆破是指在评价具有冲击危险性的区域实施的爆破卸压。解危爆破是指在监测分析确定的冲击危险区域实施的爆破卸压。

二、爆破参数

(一) 爆破区域

卸压爆破施工区域为评价或监测具有冲击危险的区域。

(二) 掘进工作面爆破卸压参数

1. 钻孔方位与倾角

掘进工作面迎头钻孔一般应平行于巷道轴向，特殊条件下钻孔方位可与巷道轴向呈一定夹角，倾角与巷道轴向倾角一致。两帮钻孔一般垂直于巷道轴向，倾角与煤层倾角一致。钻孔孔口应布置在巷道的中下部。

2. 钻孔孔径

钻孔孔径一般为 42～100 mm。

3. 钻孔间距

钻孔间距一般为 5～20 m，或由现场实际卸压效果确定。

4. 两帮钻孔深度

两帮钻孔深度一般为煤壁到应力集中区峰值点距离 l。在煤柱两侧应满足最小抵抗线要求。

5. 工作面钻孔深度

掘进工作面钻孔深度一般为煤壁到应力集中区峰值点距离 l 与两次爆破之间掘进长度 b 之和。掘进工作面卸压爆破钻孔布置示意图如图 4-21 所示。

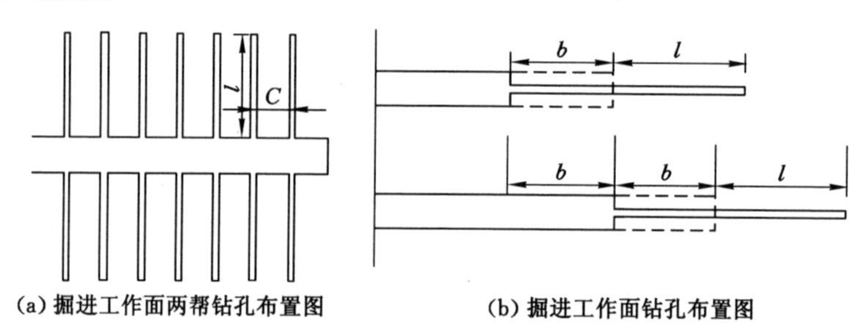

b—两次爆破之间掘进长度；l—煤壁到应力集中区峰值点距离；C—钻孔间距。

图 4-21 掘进工作面卸压爆破钻孔布置示意图

6. 滞后距离

两帮钻孔与掘进工作面迎头的滞后距离，松动爆破不大于 30 m，解危爆破不大于 5 m。

7. 装药量级

装药长度不超过钻孔深度的一半，每个钻孔装药量不超过 5 kg。

8. 封孔长度

封孔长度一般不小于孔深的 1/3。

9. 雷管数量

每孔雷管数量不少于 2 发。

10. 雷管的连接形式

一般采用孔内并联、孔间串联的连接形式。

（三）采煤工作面两巷爆破卸压参数

1. 钻孔方位

钻孔孔口应布置在巷道的中下部，钻孔一般应垂直于巷道轴向。

2. 钻孔孔径

钻孔孔径一般为 42～100 mm。

3. 钻孔间距

钻孔间距一般为 5～20 m，可按下式计算，也可通过实测卸压爆破的有效影响半径（钻孔间距的 1/2）计算得到：

$$C = r_1 v_d \sqrt{\frac{2\mu\rho_0}{(1-\mu)\sigma_t}} \tag{4-16}$$

式中　C——钻孔间距，m；

r_1——钻孔半径，mm；

v_d——炸药爆速，m/s；

μ——泊松比；

ρ_0——炸药密度，kg/m^3；

σ_t——煤的抗拉强度，MPa。

4. 钻孔深度

钻孔深度不小于采高的 3～5 倍（采用放顶煤开采时，采高指机采高度），同时不小于巷道煤壁至应力集中峰值点的距离。

5. 超前范围

根据确定的冲击危险区域进行确定，一般不小于 150 m。

6. 装药量级

装药长度不超过钻孔深度的一半。松动爆破区域每个钻孔装药量不超过 5 kg，解危爆破区域根据煤体强度和解危效果的需求确定药量。

7. 封孔长度

封孔长度一般不小于孔深的 1/3。

8. 雷管数量

每孔雷管数量不少于 2 发。

9. 雷管的连接形式

一般采用孔内并联、孔间串联的连接形式。

三、爆破施工工艺

1. 钻孔

在待卸压区域，按设计的爆破方案，使用钻机钻进至设计深度。

2. 装药

应用炮棍将药卷及雷管轻推入钻孔中。

3. 封孔

应用水炮泥进行封孔，水炮泥外剩余的炮眼部分应用黏土炮泥或者用不燃性的、可塑性松散材料制成的炮泥封实。

4. 连线

爆破母线应采用专用电缆，并尽可能减少接头。爆破前，爆破母线应扭结成短路。爆破母线和连接线、电雷管脚线和连接线、脚线和脚线之间的接头相互扭紧并悬空。

5. 装药检测

装药完毕后，对电雷管做导通试验与电阻测定，检测无问题后方可将引线在爆破孔孔口处进行短接。

6. 一次爆破起爆孔的数量

按卸压工程施工要求，根据一次起爆炸药量确定。

7. 起爆

将每个待爆破孔的引线接到母线上，将母线拉到安全地点后接到起爆器上，合上起爆器开关引发爆破。爆破作业应执行“一炮三检”和“三人连锁爆破”制度，并在起爆前检查起爆地点的甲烷浓度。

第四节　顶板深孔爆破卸压

一、顶板深孔爆破卸压

在煤层顶板施工深度大于 10 m 的爆破孔，通过爆破增加顶板岩体裂隙、破坏顶板完整性与连续性，从而释放顶板储存的弹性能达到防治冲击地压的目的。

根据爆破岩层位置、爆破目的的不同，顶板深孔爆破分为区段煤柱侧爆破、实体煤侧爆破和开切眼爆破。

二、爆破参数

（一）区段煤柱侧爆破参数

1. 爆破孔开孔及终孔位置

爆破孔开孔及终孔位置应根据现场条件、关键层位置、爆破岩层层位等综合确定，开孔位置宜布置在巷道肩窝附近，爆破孔布置见图 4-22。

2. 爆破孔倾角

爆破孔倾角应根据开孔位置、终孔位置等综合确定，并可按下式

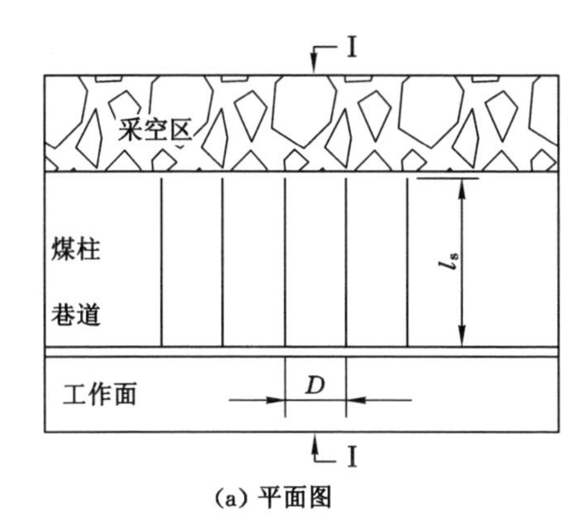

(a) 平面图

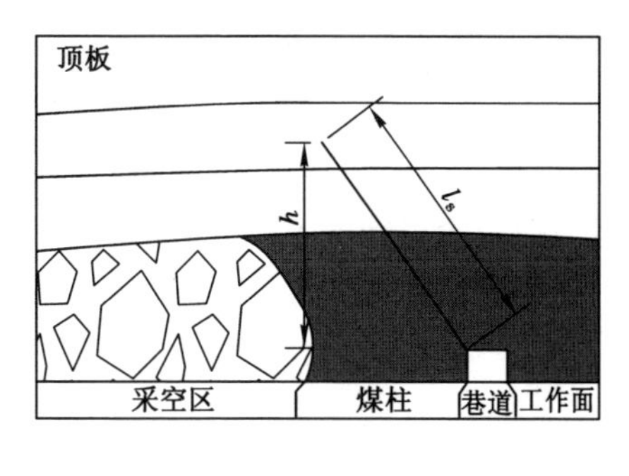

(b) I—I剖面图

图 4-22　区段煤柱侧爆破孔布置图

计算：

$$\phi = \arctan \frac{h}{l_s} \tag{4-17}$$

式中　ϕ——爆破孔倾角，(°)；

h——爆破孔开孔位置与终孔位置的高差，m；

l_s——爆破孔开孔位置与终孔位置的水平距离，m。

3. 爆破孔深度

爆破孔深度应根据开孔位置、终孔位置等综合确定，且应大于 10 m。

4. 爆破孔直径

爆破孔直径为 42～100 mm。

5. 爆破孔排距

爆破孔排距宜为 5～10 m。

6. 爆破作业超前采煤工作面距离

爆破作业超前采煤工作面距离不宜小于 150 m。

7. 装药量

装药量应根据爆破岩层层位、厚度、强度等综合确定，并可按下式计算，单孔装药量不超过 100 kg：

$$Q = ql_z \tag{4-18}$$

式中　Q——装药量，kg；

q——炸药线装药密度，kg/m；

l_z——装药总长度，m。

8. 装药不耦合系数(爆破孔直径与装药直径的比值)

装药不耦合系数不宜大于 1.5。

9. 封孔长度

封孔长度不应小于爆破孔深度的1/3，且不应小于5 m。

10. 炸药防滑

爆破孔倾角大于30°时，应制定防滑措施。

11. 雷管数量

单孔雷管数量不应少于2发，单个起爆药包雷管数量不应少于2发。

12. 引线连接方式

引线连接宜采用孔内并联、孔间串联的方式。

（二）实体煤侧爆破参数

1. 爆破孔开孔及终孔位置

爆破孔开孔及终孔位置应根据现场条件、关键层位置、爆破岩层层位等综合确定，开孔位置宜布置在巷道肩窝附近。超前采煤工作面爆破孔采用扇形布置，每个扇形断面宜布置爆破孔2～4个，爆破孔布置见图4-23。

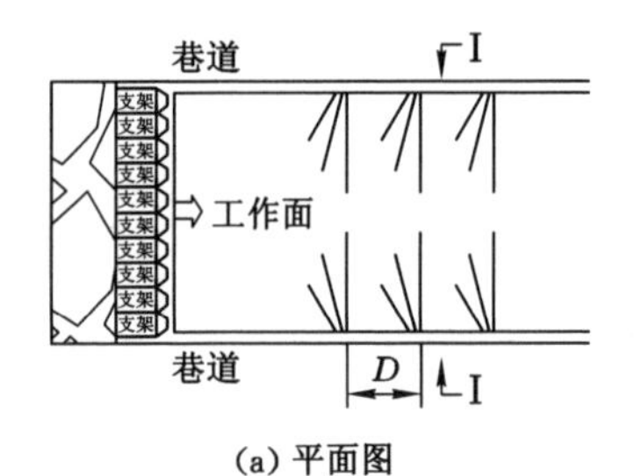

(a) 平面图

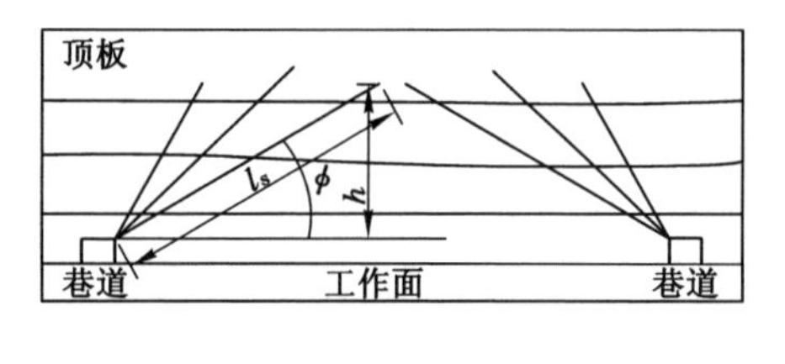

(b) I—I剖面图

图4-23　实体煤侧爆破孔布置图

2. 爆破孔倾角

爆破孔倾角应根据开孔位置、终孔位置等综合确定，也可按式(4-17)计算。

3. 爆破孔深度

爆破孔深度应根据开孔位置、终孔位置等综合确定，且应大于10 m。

4. 爆破孔直径

爆破孔直径为42～100 mm。

5. 爆破孔排距

爆破孔排距宜为10～20 m。

6. 爆破作业超前采煤工作面距离

爆破作业超前采煤工作面距离不宜小于150 m。

7. 装药量

装药量应根据爆破岩层层位、厚度、强度等综合确定，并可按式(4-18)计算，单孔装药量不超过 100 kg。

8. 装药不耦合系数(爆破孔直径与装药直径的比值)

装药不耦合系数不宜大于 1.5。

9. 封孔长度

封孔长度不应小于爆破孔深度的 1/3，且不应小于 5 m。

10. 炸药防滑

爆破孔倾角大于 30°时，应制定防滑措施。

11. 雷管数量

单孔雷管数量不应少于 2 发，单个起爆药包雷管数量不应少于 2 发。

12. 引线连接方式

引线连接宜采用孔内并联、孔间串联的方式。

（三）开切眼爆破技术参数

1. 爆破孔开孔及终孔位置

爆破孔开孔及终孔位置应根据现场条件、关键层位置、爆破岩层层位等综合确定。开切眼内，开孔位置宜布置在开切眼顶板，沿开切眼轴线布置。开切眼外，应对两巷超前 30～50 m 范围顶板进行爆破。爆破孔布置见图 4-24。

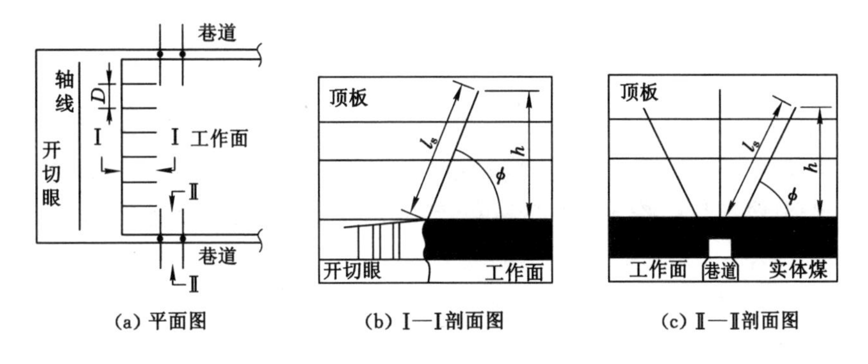

图 4-24　开切眼爆破孔布置图

2. 爆破孔倾角

爆破孔倾角应根据开孔位置、终孔位置等综合确定，也可按式(4-17)计算。

3. 爆破孔深度

爆破孔深度应根据开孔位置、终孔位置等综合确定，且应大于 10 m。

4. 爆破孔直径

爆破孔直径为 42～100 mm。

5. 爆破孔排距

开切眼内爆破孔排距宜为 4～10 m，超前两巷爆破孔排距宜为 10～20 m。

6. 装药量

装药量应根据爆破岩层层位、厚度、强度等综合确定，也可按式(4-18)计算，单孔装药量不宜超过 100 kg。

7. 装药不耦合系数

装药不耦合系数不宜大于 1.5。

8. 封孔长度

封孔长度不应小于爆破孔深度的 1/3，且不应小于 5 m。

9. 炸药防滑

爆破孔倾角大于 30°时，应制定防滑措施。

10. 雷管数量

单孔雷管数量不应少于 2 发，单个起爆药包雷管数量不应少于 2 发。

11. 引线连接方式

引线连接宜采用孔内并联、孔间串联的方式。

三、爆破施工工艺

1. 钻孔

按顶板深孔爆破设计，应用钻机钻进至设计深度，爆破孔壁应光滑，不宜出现螺纹与台阶状，施工结束后用水将钻孔中岩粉冲洗干净。

2. 验孔

应用炮棍、金属长杆等对爆破孔进行测量验收，验收合格后方可进行装药作业。

3. 装药

应用煤矿许用装药机械或炮棍将炸药、雷管或导爆索应推送至爆破孔指定位置。装药方式见图 4-25。

4. 装药检测

装药完毕后，对雷管做导通检验或电阻测定，检测无误后方可将引线在爆破孔外进行短接。

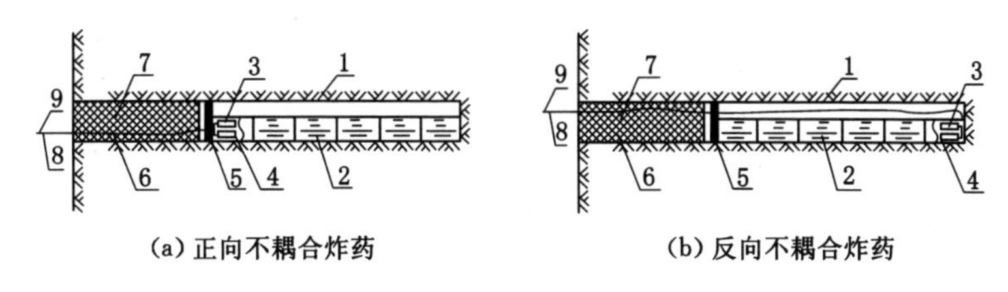

1—爆破孔；2—部分炸药；3—雷管；4—聚发穴；5—防滑装置；
6—雷管引线；7—炮泥；8—部分引线路；9—起爆器。

图 4-25　装药结构示意图

5. 封孔

按设计封孔位置及长度应用水泥药卷、水炮泥等进行封孔。

封孔完毕后，再一次对雷管做导通检验或电阻测定，检测无误后将引线连接于同一根爆破母线上。

6. 起爆

爆破母线铺放至安全警戒区外与起爆器连接，合上起爆器开关引发爆破。一次爆破总药量不宜超过 400 kg。

第五节　煤层注水卸压

一、煤层注水卸压概述

（一）煤层注水卸压机理

煤层注水可以压裂和软化煤体。

煤体（顶板）注水后，处于弹性应力状态的煤岩体在注水孔内水压作用下产生张性破裂。开裂过程分为孔壁开裂和煤岩体内开裂，开裂方式受各自的应力状态控制。孔壁开裂是由于密封的注水孔水压增加对孔壁施加法向应力，随水压增加孔壁的切向应力将随之减小，最终变为张应力。当张应力大于或等于煤岩体的抗拉强度时，孔壁上出现垂直裂缝。孔壁开裂会迅速转入岩体内开裂，这是由于注水压力克服了煤岩体内最小主应力和煤岩体抗拉强度引起的岩体内开裂。

煤岩体的软化机理是使注入煤岩体中的水与煤岩体产生物理、化学的综合作用，使煤岩体向着分离、分散、松散、比重变小、硬度降低方向转换，导致煤岩体强度降低。煤岩体注水软化程度取决于煤岩体的矿物程度、结构、节理裂隙程度、胶结情况及水质、软化时间等因素。虽然岩石一般都具有浸水软化特性，但软化程度不一。煤岩体注水只有达到一定程度后，这种作用才有实用价值，煤层注水卸压效果要经过浸水试验进行验证。

（二）煤层浸水试验

煤层浸水试验是在自然和不同浸水时间条件下，依据《冲击地压、监测与防治方法 第 2 部分：煤的冲击倾向性分类及指数的测定方法》(GB/T 25217.2—2010)对煤层的 4 个冲击倾向性指标进行测定。标准试件加工完成后，分别测试试件浸水 0 d、10 d、20 d 和 30 d 后的动态破坏时间、弹性能量指数、冲击能量指数和单轴抗压强度。对比煤层在自然状态和延长浸水时间后的冲击倾向性变化，分析出煤层注水的卸压作用，进一步确定煤层的注水强度与注水的超前时间和距离。

二、注水工艺

煤层注水有三种布置方式，分别为与采面煤壁垂直的短钻孔注水法、与采面煤壁平行的长钻孔注水法和联合注水法。

（一）短钻孔注水法

短钻孔注水法的钻孔通常垂直煤壁，且在煤层中线附近。注水时，依次在每一个钻孔放入注水枪，水压通常为 20～25 MPa。比较有效的注水孔间距为 6～10 m，注水钻孔深度不小于 10 m，注水孔的直径应与注水枪相适应，且放入注水枪后能自行注水，封孔封在破裂带以外。

该方法的优点是注水容易，可在煤层的任意部位进行。既可在难以施工长钻孔的薄煤层进行注水，也可在其他不方便的条件下注水。缺点是注水工作须在机道进行，影响采煤，安全保障低，注水范围小。

（二）长钻孔注水法

长钻孔注水法是通过平行工作面的钻孔，对原煤体进行高压注水，钻孔长度覆盖整个工作面范围，注水钻孔间距应为 10～20 m，一般取决于注水时的渗透半径。

采面区域内的注水应从两巷相对的两个钻孔进行注水，注水依次从距工作面最近的钻孔开始，一直持续到整个工作面范围。注水枪应布置在破碎带以外，深度视具体情况而定。一般情况下，注水区应在工作面前方 60 m 外进行。

该方法的优点是工作面前方区域内的注水均匀，注水工作在两巷进行，不影响采煤作业，安全性好。但注水的超前时间不宜过早，因为随时间的推移，注水效果就会降低。实践表明，注水的有效时间为 3 个月。缺点是某些情况下很难进行钻孔作业，特别是薄煤层更加困难。

（三）联合注水法

联合注水法是上述两种方法的综合方法。采煤工作面部分区域采用长钻孔注水，部分区域采用短钻孔注水，水压不小于 10 MPa，当降至 5 MPa 时，认为该钻孔水已注好。

在长钻孔或联合注水法注水的情况下，为了预防早期注过水的煤层干燥，可在高压设备注水结束后，将注水钻孔和消防龙头相连。

第六节　顶板水压致裂卸压

一、水压致裂卸压

水压致裂的实质是在一段封闭钻孔内注入高压水，使孔壁附近产生大量裂纹，使煤岩体中原有裂纹张开扩展。它通过增加煤岩体裂隙进而破坏其整体强度和软化煤体的双重作用来改变煤岩体的物理力学性质，减弱甚至消除煤层的冲击危险性。

顶板水压致裂是指在顶板岩层中注入高压液体，使顶板岩层产生新的或扩大原有裂隙，达到控制顶板断裂与能量释放的防治冲击地压技术。

（一）水压致裂卸压防治冲击地压机理

1. 影响煤岩冲击倾向性

水压致裂过程中会有大量的水被注入煤岩体中，煤岩体的含水量增加，水对煤的冲击倾向性有着显著的降低作用。相对于水压致裂前的煤岩体的脆性破坏，水压致裂后的煤岩体具有较大的压缩性能，变形明显“塑化”。水压致裂后，煤的结构发生改变，导致煤体强度下降，变形特性也明显“塑化”，煤体积聚弹性能的能力下降，以塑性变形方式消耗弹性能的能力增加，煤的冲击倾向性大幅减弱，甚至失去冲击能力。

2. 改变煤岩体的强度

发生冲击地压的矿井，煤质一般比较坚硬，水压致裂后，由于煤体中有水的注入，对煤岩体起到了软化作用。弱化煤岩体硬脆性的同时使其强度减小。另外，由于煤体中本来就有天然节理裂隙存在，在高压水的压力下，在这些存在原始裂隙的部位，裂隙进一步得以扩展和延伸，加剧了对煤岩体整体性和连续性的破坏，降低了煤岩体强度，破坏“硬顶—硬煤—硬底”结构，从而破坏了煤岩体内存储大量弹性变形能的前提条件。

3. 改变能量释放速度和形式

煤岩层中极软薄层的存在，往往会产生非连续变形和破坏并导致冲击地压的发生。在水压致裂过程中，有部分高压水注入煤层后，使软弱层加厚，变形加大，易于以稳定、缓慢形式释放大量的弹性能，显著改善能量释放过程在时间上的稳定性和空间上的均匀性，从而防止冲击地压的发生。

4. 改变支承压力分布状态。

煤层注水后，支承压力峰值降低，峰值点位置向煤体深部转移。

（二）水压致裂分类

1. 直接水压致裂

在顶板岩层中施工致裂孔，封孔后注入高压水，致裂顶板岩体，达到控制顶板断裂与能量释放的防治冲击地压技术。

2. 定向水压致裂

在顶板岩层中人为地切割一个定向预裂缝，然后注入高压水，将岩体沿定向预裂缝致裂，达到控制顶板断裂与能量释放的防治冲击地压技术。

（三）水压致裂卸压适用条件

（1）受坚硬顶板影响，煤层具有中等冲击危险及以上的区域，可实施顶板水压致裂，并应超前工作面 150 m 实施致裂工作。

（2）工作面回采过程中监测顶板活动剧烈、冲击危险等级提高时，对监测异常区域范围内可实施顶板水压致裂，实施期间工作面应停止回采。

（3）直接水压致裂与定向水压致裂适用于顶板岩层单层厚度大于 2 m 的硬质岩层。定向水压致裂段岩层应为无显著裂隙、软弱夹层等的均一、完整岩层。

（四）水压致裂所需的仪器与设备

1. 仪器设备

钻机、高压大流量泵、高压管路与控制阀、割缝刀具、封孔器、压力表（压力传感器）、钻孔窥视仪等。

2. 仪器技术指标

（1）高压大流量泵的额定压力应大于理论计算出的致裂压力，计算公式如下式，流量不应小于 80 L/min。

直接水压致裂理论压力 p_1 宜按下式计算：

$$p_1 = 1.3(3\sigma_3 - \sigma_1 + R_t) \tag{4-19}$$

式中 p_1——直接水压致裂所需启动压力估算值，MPa；

σ_1——致裂点最大主应力，MPa；

σ_3——致裂点最小主应力，MPa；

R_t——致裂点顶板岩层抗拉强度，MPa。

定向水压致裂理论压力 p_2宜按下式计算：

$$p_2 = 1.3(\sigma_1 + R_t) \tag{4-20}$$

式中　p_2——定向水压致裂所需启动压力估算值，MPa；

σ_1——致裂点最大主应力，MPa；

R_t——致裂点顶板岩层抗拉强度，MPa。

（2）高压管路额定工作压力不应小于泵站额定压力的 1.5 倍。

（3）封孔器额定工作压力不应小于致裂压力的 1.1 倍。

（4）割缝刀具切割出的定向预裂缝直径不小于钻孔直径的 2 倍。

二、水压致裂方法

（一）直接水压致裂

1. 致裂方案

（1）致裂方案的内容应包括：施工地点地质情况与图纸、所需仪器设备、设计参数、施工方法、施工人员及单位、安全措施等。

（2）直接水压致裂可对顶板进行水平分层致裂、倾斜致裂、水平分层与倾斜综合致裂，致裂方式示意图（工作面倾斜剖面）如图 4-26～图 4-28 所示。

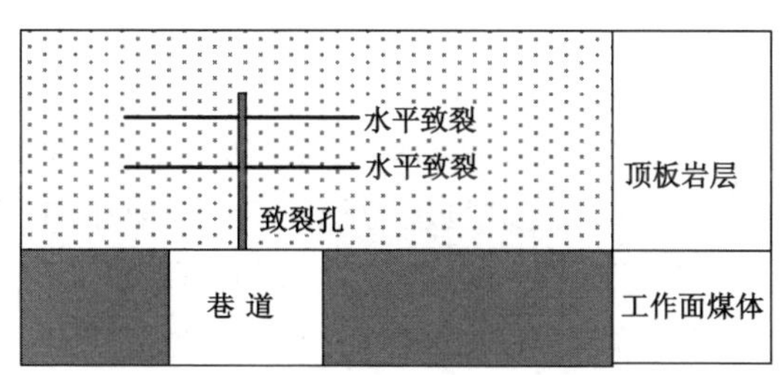

图 4-26　顶板水平分层致裂示意图

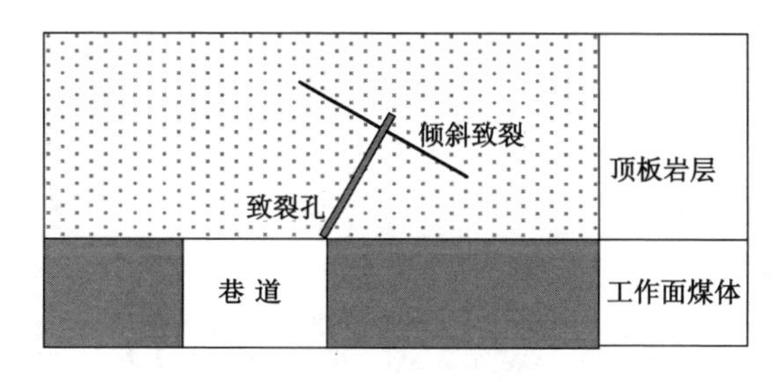

图 4-27　顶板倾斜致裂示意图

（3）致裂孔间距不宜大于平均致裂直径的 0.8 倍。

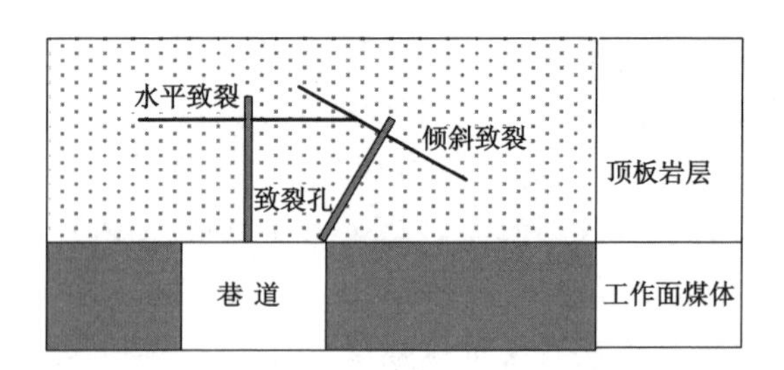

图 4-28　顶板水平分层与倾斜综合致裂示意图

(4) 加压系统宜采用双回路加压,分别向封孔器和加压段施加压力。

2. 工艺流程

(1) 施工致裂孔

致裂孔直径应大于封孔器外径、小于封孔器最大膨胀直径 2 mm 以上,孔壁不应出现螺纹与台阶状。致裂孔完成后,使用钻孔窥视仪进行窥视,满足孔壁光滑要求后,进行下一步工作。

(2) 封孔压裂段

直接水压致裂宜采用双回路双端封孔方式,将两个封孔器串接并与高压泵相连,对封孔器进行注液加压,使封孔器与致裂钻孔孔壁紧密接触,形成充水加压孔段。

(3) 注液压裂

所有管路连接安装牢靠后启动高压泵,管路连接参见图 4-29。向压裂段施加水压,按理论计算的致裂压力稳定升压,加压时应观察压力表的变化。当压力出现明显下降时,可判断顶板被致裂。如附近有检测孔,致裂液扩展至检测孔后即可停止加压。如没有检测孔,压裂后继续加压,如压力下降后又升压,需继续加压直到再下降时停止,加压时间一般不小于 10 min。

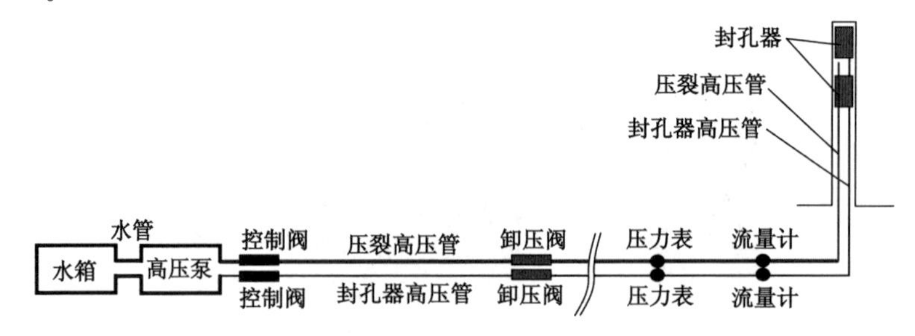

图 4-29　顶板水压致裂管路连接示意图

(4) 首次致裂半径的确定与检验

在致裂孔附近施工检测孔,深度应大于致裂孔至少 1 m,角度应与致裂孔平行。观测检测孔中是否有致裂液体流出,判断致裂半径大小。致裂试验应进行 3 次以上,且每次致裂不应相互影响,一次致裂成功后,逐步增加检测孔与致裂孔之间的距离,裂隙不能扩展至检测孔后,可停止试验,以确定致裂半径范围,同时记录不同致裂半径下所需要的加压时间。

(5) 正常致裂期间效果检验

致裂完成后,当前一个致裂孔中有致裂液流出时,或超过设计半径处顶板锚杆、锚索渗出致裂液体,表明致裂效果良好。

(6) 施工工艺流程

直接水压致裂施工工艺流程如图 4-30 所示。

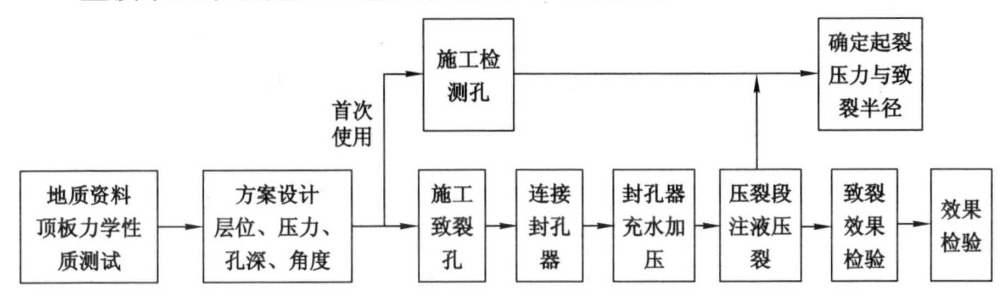

图 4-30　直接水压致裂施工工艺流程图

(二) 定向水压致裂

1. 致裂方案

(1) 致裂方案内容应包括:施工地点地质情况与图纸、所需仪器设备、设计参数、施工方法、施工人员及单位、安全措施等。

(2) 顶板定向水压致裂可对顶板进行水平分层致裂、倾斜致裂、水平分层与倾斜综合致裂,致裂方式示意图与直接水压致裂基本相同。

(3) 致裂孔间距不宜大于平均致裂直径的 0.8 倍。

(4) 单孔多次致裂时应采用前进式致裂法,即从钻孔浅部向深部逐次压裂。

(5) 加压系统宜采用单回路加压,一道管路同时向封孔器和加压段施加压力。

2. 工艺流程

(1) 施工致裂孔

致裂孔直径应大于封孔器外径、小于封孔器最大膨胀直径 2 mm 以上,孔壁不应出现螺纹与台阶状。致裂孔完成后,使用钻孔窥视仪进行窥视,满足孔壁光滑要求后,进行下一步工作。

(2) 施工定向预裂缝

致裂孔施工完成后,利用割缝刀具在钻孔底部切割定向预裂缝。切割完成后使用钻孔窥视仪进行窥视,确定定向预裂缝符合要求后,进行下一步工作。

(3) 封孔与注液压裂

将高压管路与封孔器相连,将封孔器送入钻孔中,封孔器端头至定向预裂缝下部,管路连接如图 4-31 所示。查看确认所有管路连接安装牢靠后启动高压泵,按理论计算的致裂压力稳定升压,加压时应观察压力表变化。当压力出现明显下降时,可判断顶板被致裂。如附近有检测孔,致裂液扩展至检测孔后即可停止加压。如没有检测孔,压裂后继续加压,如压力下降后又升压,应继续加压直到再下降时停止,加压时间不宜小于 10 min。

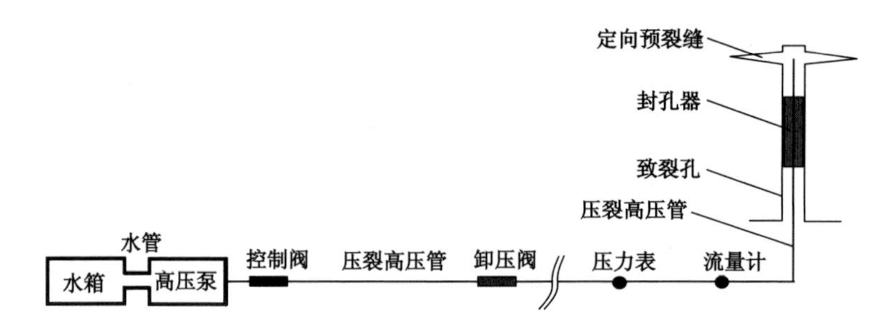

图 4-31　顶板定向水压致裂管路连接示意图

(4) 首次致裂半径的确定与检验

在致裂孔附近施工检测孔,深度应大于致裂孔至少 1 m,角度应与致裂孔平行。观测检测孔中是否有致裂液体流出,判断致裂半径大小。致裂试验应进行 3 次以上,且每次致裂不应相互影响,一次致裂成功后,逐步增加检测孔与致裂孔之间的距离,裂隙不能扩展至检测孔后,可停止试验,以确定致裂半径范围,同时记录不同致裂半径下所需要的加压时间。

(5) 正常致裂期间效果检验

致裂完成后,当前一个致裂孔中有致裂液流出时,或超过设计半径处顶板锚杆、锚索渗出致裂液体,表明致裂效果良好。

(6) 施工工艺流程

定向水压致裂施工工艺流程如图 4-32 所示。

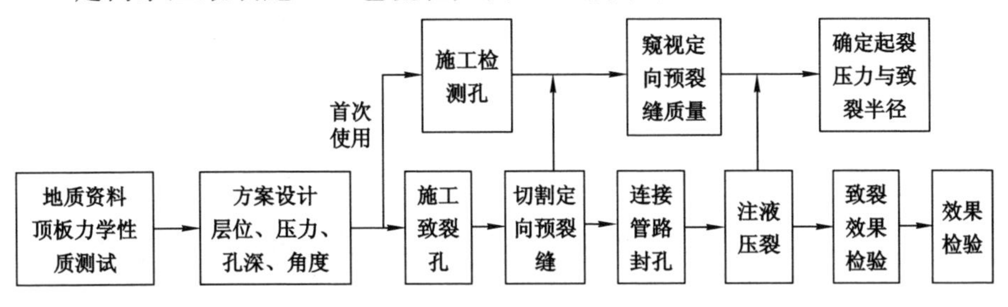

图 4-32　定向水压致裂施工工艺流程图

三、效果检验与安全要求

(一) 效果检验

(1) 监测致裂区域顶板的垮落步距、来压强度与工作面工作阻力变化，当顶板运动强度减弱时，具有防治冲击地压效果。

(2) 利用煤体应力、电磁辐射、钻屑法、微震监测等方法，对致裂期间与区域进行冲击危险性监测，上述冲击危险指标降低时，具有防治冲击地压效果。

(二) 安全要求

(1) 高压管路应正确连接。

(2) 致裂孔外悬露的高压管应固定，防止封孔器失效时孔内高压管路在高压水作用下甩出。

(3) 液压控制设备应布置在距离致裂孔不小于 20 m 的地方。

(4) 在水压致裂过程中，除操作人员外，其他人员应远离水压致裂孔至少 50 m。

(5) 操作人员以及水压致裂过程的测量人员应位于支护条件良好的区域。

(6) 撤除期间不应站在钻孔的正下方施工，防止高压管路下滑伤人。

(7) 水压致裂过程结束后，应检查附近巷道内的锚杆锚索状态，排除可能存在的顶板离层垮落危险。

第五章　冲击地压安全防护

第一节　巷道防治冲击地压支护设计

冲击地压的破坏位置一般出现在巷道和采煤工作面，其中大部分发生在回采巷道，特别是超前采煤工作面两巷的0～80 m范围，约占冲击地压灾害的90%。冲击地压主要是冲击动力将煤岩抛向巷道空间造成巷道堵塞，破坏巷道周围煤岩的结构及支护系统。冲击地压发生后，巷道断面明显收缩，通常收缩量可达巷道断面的50%～70%，有的甚至达到90%以上。因此，巷道防治冲击地压支护设计是防治冲击地压的重点。

一、巷道围岩的强弱强结构效应特征

受冲击地压影响的巷道，对围岩实施松散煤岩体措施之后，巷道周围的围岩可以看成是：最里圈，是由巷道支护形成的小结构（强结构）；小结构之外，是经过松散卸压之后的弱结构；在弱结构之外，是没有经过扰动的原岩结构（强结构）。因此，巷道围岩从里向外的强度特征来看，明显地呈现出强、弱、强的结构效应，如图5-1所示。

在无冲击震动的情况下，巷道周围岩体内的应力由于弱结构的存在而重新分布。径向应力和切向应力都向围岩深部转移，使巷道围岩支护小结构处于应力降低区域，有利于巷道的维护和稳定。

当有冲击震动时，如果没有弱结构，虽然存在冲击应力衰减，但由于应力衰减系数较小，传递到巷道围岩的冲击应力仍然较大。当该应力与巷道周围的应力叠加，瞬间超过围岩强度极限，就会造成巷道的冲击破坏。当有弱结构存在时，由冲击震源传递而来的强冲击应力在强弱结构表面产生反射和透射现象，部分应力被反射回外强结构中，使得透射进入弱结构的应力幅值大大降低，并在弱结构内部经过散射和吸收，进一步衰

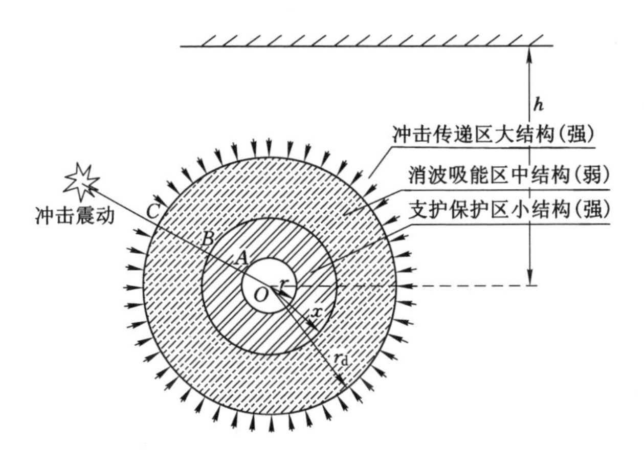

图 5-1 巷道围岩结构

减,传递到巷道围岩支护小强结构上的应力就大幅度减弱。因此,强弱强结构对冲击应力波起到一个衰减吸收效应,而且在无冲击震动状态下将巷道周围的高应力转移至围岩深部,使得巷道周围处于较低的应力状态,这对高应力环境下巷道同样具有显著作用。

在巷道围岩的强弱强结构中,每个结构的变形特征均不一样。外强结构由于位置较远,对冲击震动波起了传递作用,冲击震动波对它的破坏作用较小,受两边岩层的约束,变形空间小,变形量也较小。中间的弱结构,由于对煤岩体进行了松散,岩体具有碎胀扩容特性,容易向巷道自由空间方向发生变形位移。在冲击震动波传递到来时,弱结构将起到散射和吸收作用,高应力被弱结构的外表面散射,透射进入弱结构内部的应力又被煤岩体吸收,在内部煤岩体吸能过程中,弱结构又发生较大的变形和位移。在支护的小强结构中,自身抗载强度高,能有效抵抗冲击余能的震动破坏作用,变形量不大。在冲击震动过程中,支护的小强结构随弱结构煤岩体向巷道自由空间内移而发生整体内移,表现为常规静载状态下巷道变形。如果巷道不支护或支护强度不高,在穿过弱结构的冲击余能的作用下,内强结构也可能被破坏。由此可见,在强弱强结构中,巷道围岩的变形表现为小、大、小的特征,而抗变形则表现为强、弱、强的特征。

在强弱强结构中,外强结构岩层完整,冲击震动波传播过程中能量的衰减指数小,只有小部分能量被吸收,冲击震动能量衰减作用不明显,即在能量耗散能力上表现为弱的特征。中间设置的弱结构,岩体的完整性和连续性差,裂隙孔隙率高,对冲击震动波的散射和吸收能力大,耗散冲击震动能量的能力强。耗散能的特征越强,对巷道围岩的保护作用越有利。对于支护小强结构，内部结构相对紧密完整，只随弱结构的变形而发生整体位移，自身变形量较小，耗能能力有限，能量耗散弱。因此，从对冲击震动能量的耗散特征来看，强弱强结构表现为弱、强、弱的特征。

二、巷道防治冲击地压支护设计的理论基础

巷道围岩的强弱强结构力学模型如图 5-2 所示。

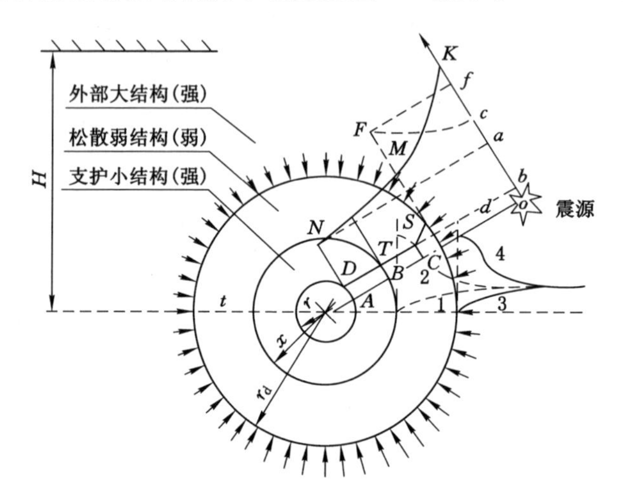

图 5-2　巷道围岩的强弱强结构力学模型

根据弹性力学理论，在开采深度为 H 的条件下，开挖前巷道处在 $\sigma_1=\gamma H$ 的均布应力场中。开挖后在距离巷道中心 R 处($R\geqslant r$)形成的径向应力和切向应力分别为：

$$\sigma_\gamma=\gamma H\left(1-\frac{r^2}{R^2}\right) \tag{5-1}$$

$$\sigma_\theta=\gamma H\left(1+\frac{r^2}{R^2}\right) \tag{5-2}$$

式中　r——巷道半径。

假定巷道围岩-支护构件形成共同承载小结构厚度为 t_{AB}，支护体强度为 σ_{ZAB}，冲击震源距巷道中心 r_d 处，当冲击应力波从初始值 σ_d 开始传播，传播到巷道围岩承载小结构外表面 B 处，冲击波在介质中传播的能量衰减指数为 η，由于 $H\gg r$，r_d 与 r 之间通常也是 1～2 倍甚至更大的数量级关系，可认为冲击波传播到巷道周围时，也是同时到达巷道围岩小结构的，即震源产生的冲击波在小结构的外表面成均匀分布，是正入射。

巷道无支护时，弹性波从震源传播到巷道围岩表面，震动冲击在 A 处

产生的应力为：

$$\sigma_A = \sigma_d \times (r_d - r)^{-\eta} \tag{5-3}$$

巷道围岩表面分别为围岩和空气，因此，在巷道 A 处冲击入射波几乎全部反射为应力波，其产生的应力大小仍为σ_A，该应力与巷道周围形成的高应力场叠加，从而造成巷道破坏，即当满足以下条件时，巷道周围的煤岩体就发生破坏。

$$\sigma_A + \sigma_r > \sigma_m$$

$$\sigma_d \times (r_d - r)^{-\eta} + \gamma h\left(1 - \frac{r^2}{R^2}\right) > \sigma_m \tag{5-4}$$

式中　σ_m——巷道围岩极限承载强度；

其他符号含义同前。

上式就是无支护巷道在震源冲击下发生破坏的判据。

这种破坏首先是在巷道临近自由表面发生层裂，同时形成新的自由表面，后续压力脉冲在新自由表面又形成第二层层裂，这样形成多层层裂从而破坏巷道。由此可知，巷道冲击破坏的主要因素与冲击源的初始震动能量、震源距离、介质的衰减指数、埋藏深度以及原岩应力场大小等有关。当冲击源能量越大，距离巷道越近，介质的衰减指数越小，埋藏深度越深以及原岩应力场越大，巷道越容易产生瞬间冲击破坏。

巷道有支护时，冲击弹性波从震源传播到支护小结构 AB 外表面 B 处产生的应力 σ_B 为：

$$\sigma_B = \sigma_d\ (r_d - r - t_{AB})^{-\eta} \tag{5-5}$$

此时，B 处受到的应力大小为：

$$\sigma_{Bh} = \sigma_d\ (r_d - r - t_{AB})^{-\eta} + \gamma H\left[1 - \frac{r^2}{(r + t_{AB})^2}\right] \tag{5-6}$$

当$\sigma_{Bh} > \sigma_{ZAB}$时，巷道支护小结构将被破坏，即：

$$\sigma_d\ (r_d - r - t_{AB})^{-\eta} + \gamma H\left(1 - \frac{r^2}{(r + t_{AB})^2}\right) > \sigma_{ZAB} \tag{5-7}$$

上式就是支护巷道在震源冲击下发生破坏的判据。由此可见，巷道支护强度 σ_{ZAB} 对阻止冲击地压发生起着重要作用。如果巷道支护强度高，就能阻止小型冲击地压对巷道的破坏。

三、巷道防治冲击地压支护设计对策

由防治冲击地压支护设计依据可知，要维护巷道的稳定，防止冲击地压灾害的发生，就必须从减小震源的震动强度 σ_d，设置弱结构 η 和提高支护强度 σ_{ZAB} 出发。

（一）减小巷道围岩深部的震动载荷 σ_d

冲击地压有压力型（煤柱型）、冲击型（顶板或底板型）和冲击压力型三种类型。压力型冲击地压的震源在煤柱的高应力集中区，冲击型冲击地压的震源在顶板厚岩层破断或滑移运动区，断层等构造的活化区。冲击压力型冲击地压为压力型冲击地压和冲击型冲击地压共同作用的结果。因此，减小巷道围岩深部的震动载荷就是要降低应力集中，减小能量在顶板岩层或构造区的聚集。其主要方法有松散煤岩体，降低煤层中的应力集中程度，破坏顶板的完整性，使得顶板中不能聚集大量的弹性能，释放断层等构造中聚集的能量并抑制其活化运动等。

（二）设置吸能的弱结构 η

在巷道支护体小结构外，形成一个松散煤岩破坏区，增加煤岩体的能量衰减系数 η，使冲击震动的高能量在通过该软化区到达支护体小结构的过程中衰减，起到消波吸能的“过滤”作用，从而使巷道围岩支护结构免受损坏。采取的主要办法有深孔爆破松散煤岩、钻孔增加孔隙度、煤体注水弱化软化煤岩等。

（三）提高巷道的支护强度 σ_{ZAB}

由上可知，巷道围岩发生冲击破坏与巷道的支护强度有很大关系。在其他条件不变时，冲击破坏取决于巷道围岩极限承载强度。通过一定的支护手段，提高巷道围岩极限承载强度 σ_z，就可以大大降低巷道冲击破坏的概率。锚杆支护在安装初期就对围岩施加一主动的预紧力，锚杆和围岩组成的锚固体成为强有力的承载体，使围岩从一开始就受到较大的支护作用力，阻止巷道周围围岩层裂及离层，有效控制围岩的初期变形。围岩内部注浆也在浅部围岩形成了承载加固环，提高围岩力学性质，增强了巷道围岩支护强度，这些都有利于巷道防治冲击地压。

（四）支护体“强结构”让压抵御冲击

锚杆支护在一定程度上可以阻止巷道围岩层裂结构的形成，防止巷道冲击破坏。但是，现场实践表明，使用高强度预应力锚杆支护系统的巷道，冲击地压仍然经常发生。利用微震监测系统实测得知，冲击地压震动能量级别一般都在 10^6 J 以上，主要是发生在煤体深部的高能级震动，可通过应力波携带震动能量对巷道突然施加冲击载荷，造成强烈的巷道变形和大面积拉断锚杆锚索。因此，单纯依靠提高锚杆支护系统的强度抵御冲击地压是不现实的，这就要求锚杆支护“强结构”不仅要比普通支护强度高，同时更要具有主动让压、卸压的“柔让”蓄能作用。

巷道围岩及锚杆支护体所受到的冲击载荷与外部能量大小成正比，而与围岩允许的变形量成反比。冲击发生过程一般非常短暂，仅几秒钟，在如此短时间内，依靠围岩变形减小冲击载荷是不可能的。所以当冲击地压发生时，巷道锚杆锚索经常被拉断，其原因就是锚杆支护系统不具有主动让压变形功能，导致锚杆受冲击载荷应力超过其强度极限而破断。通过设置锚杆支护系统让压机构，合理设计让压载荷，使锚杆达到屈服之前保持高支护应力作用下主动让压，可在合理范围内控制巷道变形，极大消耗震动释放的弹性应变能。图 5-3 为让压锚杆支护巷道围岩应力分布。在外部震源作用下，巷道发生进一步的变形与破坏，通过让压锚杆主动向巷道内部让压 Δd 距离后，震动能量大部分被消耗，巷道围岩应力不断调整，直至与让压锚杆锚固力达到平衡。此时，塑性区也会向深部发展，切向应力峰值移动一定距离后也达到平衡，如图中实线所示。同时锚杆支护系统设计有让压装置后，还可通过锚杆主动让压，适应围岩应力重新分布的调整过程，达到锚杆系统的均压支护，共同承载，从而使巷道围岩处于均压的应力环境中，更有利于保证巷道的稳定性，避免局部应力集中。因此，支护体系“强结构”必须包括高强让压特征，即“柔让强”。

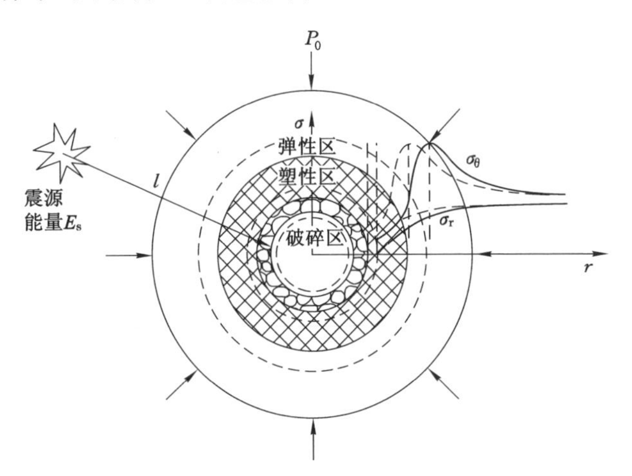

图 5-3　让压锚杆对巷道支护作用

震源能量的衰减系数同样影响传播到巷道附近能量以及动载荷的大小，故可通过对煤岩体内部采取深孔爆破等措施，破坏煤岩体完整性，释放围岩周围的弹性能 E_E，增大震动波传播过程中的衰减系数，达到防治冲击地压目的，也就是形成“强弱强”结构中的弱结构。

四、巷道防治冲击地压支护设计

潘一山教授团队基于巷道围岩与支护的静、动力学模型分析，构建了“围岩应力—围岩性能—巷道支护”的防治冲击地压支护理论模型，从支护的应力、刚度、形变、频率、速度和能量6个角度提出了巷道液压支架防治冲击地压支护设计的6项原则，即让位阻力可变、让位刚度可变、让位位移可变、让位频率可变、让位速度可变和让位能量可变，实现了支护防治冲击地压的可行性和有效性。

（一）巷道防治冲击地压支护设计的六项原则

1. 让位阻力可变原则

研究发现，作用于围岩上的支护阻力对于抵抗冲击地压破坏、减轻冲击造成的灾害程度起到重要作用。提出防治冲击地压支架既要具备很高的支护阻力，使其在巷道冲击地压刚开始启动时能够依靠支护阻力抵抗冲击，还要能够在支护阻力超过一定阈值时，以相对恒定的阻力让位，直到停止，即支架的支护阻力是可变的。因此，支架需特别设计一种可定阈值的装置，当作用于支架上的冲击载荷超过该阈值时，能够立即启动变形，实现支架整体的一个快速缓冲过程，保证支架不被破坏，并且能继续发挥支护作用。

2. 让位位移可变原则

巷道支护的目的是约束巷道位移量。国内外学者大部分是研究静态巷道围岩支护或针对软岩巷道的支护，主要考虑围岩变形的流变性累积效应，而不是冲击地压这种突发性效应。但对于受冲击地压威胁巷道的支护，不仅要考虑围岩慢变形状态下巷道收缩产生的位移量，如可伸长的锚杆（锚索）、可缩U型钢支架、可缩液压支架在静载下的巷道变形，还要考虑围岩冲击启动后支护的位移量。因此提出：防治冲击地压支架应进行可变让位位移设计，即支架的让位位移需要与围岩形变相协调，当支架遭受围岩的冲击载荷超过阈值时，支架中特设的装置立即启动变形，实现支架整体的一个快速让位过程。围岩冲击启动前支架结构弹性形变让位，位移小，用于限制围岩变形；围岩冲击启动后支架机构形变让位，位移大，用于让出围岩的变形位移，同时保证支架不因位移过大而失稳破坏，又可避免对围岩突然撤载而发生冲击地压。

3. 让位刚度可变原则

巷道围岩的刚度是非线性的，静态应力下围岩结构刚度较大，但随着应变（形变量）增大，围岩结构刚度逐渐降低，在冲击地压发生时，围岩刚度为0。因此,想要保全巷道完整性,防治冲击地压支架就要保证结构刚度与围岩刚度相协调,即让位刚度可变的原则。未发生冲击地压时,支架应具备较高的结构刚度,约束巷道围岩变形,当突发围岩冲击并且作用于支架上的冲击载荷超过阈值时,支架立即启动形变,进行恒阻让位过程,则该过程中支架结构刚度瞬时变为0,与巷道围岩刚度相协调,同时也避免了因刚度过大而发生过载损坏。当围岩冲击停止,支架让位停止,再次恢复支护作用,达到比冲击让位前更高的结构刚度。

4. 让位频率可变原则

冲击地压作用在巷道支护上的动力载荷是以波的形式产生的震动载荷,不同类型的冲击地压作用在支护上的震动频率是不同的。根据冲击时的释放能量主体不同,可以将冲击事件分为煤体释放能量型、顶底板释放能量型、断层围岩释放能量型,其频率分别在25～40 Hz,10～25 Hz和1～10 Hz。大量现场观测发现,巷道支架的破坏程度与冲击地压的震级大小并不是完全的对应关系,有时冲击地压震级比较大,但支架的破坏却不大;有时冲击地压的震级并不是很大,但支架的破坏却比较严重,其原因除了和震源点距支架远近有关外,还和震动波的频率有关,当震动频率与支架固有频率接近时,会导致支架产生共振,因此,较小震级的震源也会造成支架的严重破坏。因此,防治冲击地压支架应具有固有频率可变的功能,即一旦发生巷道冲击,支架启动让位过程后固有频率迅速调整为0,防止支架受震动载荷作用而发生共振,而当围岩冲击停止,支架再次恢复支护作用,进而具有一个新的固有频率。

5. 让位速度可变原则

巷道冲击地压发生时,围岩向巷道空间迅速变形,对支护构成冲击作用。根据微震监测发现,发生冲击时巷道围岩震动速度在0.01～0.1 m/s,而根据冲击地压造成巷道破坏的收缩位移和破坏时间估算,围岩破坏时的冲击速度在0.1～5.0 m/s。目前国内外巷道支护设计没有考虑到围岩冲击速度和支护收缩速度的关系,也未建立起围岩冲击速度与巷道支护让位速度的关系。因此,在围岩冲击作用下,常规支架由于响应速度慢而导致过载破坏。所以,防治冲击地压支架必须具备让位速度可变的原则,即一般支护状态下作用于支架上的准静态载荷过大时,支架能够缓慢让位卸压,而一旦突发冲击动载超过支架阈值时,支架的让位构件必须立即快速启动变形,实现支架整体的一个快速让位,迅速消减围岩对支架的冲击载荷,最终围岩冲击停止后支架再次达到一个稳定的支护状态。

6. 让位能量可变原则

冲击地压发生时，围岩弹性区储存的变形能部分释放出来，以动能形式传递到围岩塑性区和支架上。防治冲击地压支架必须具备让位吸能的功能，即在突发较大的围岩能量冲击下，冲击能量可以由支架中特设的装置实施吸收，同时进行一定程度的让位。冲击能量不同，支架让位的幅度与吸收能量也不同。支架吸能过程使围岩冲击能量被迅速消耗，进而保护支架整体结构不受损坏，从而保障整个巷道支护体系的稳定和安全。

（二）防治冲击地压支架

本节主要以潘一山教授团队巷道防治冲击地压液压支架研制为例进行介绍。

(1) 如图 5-4 所示，研制了用于圆形巷道或拱形巷道的吸能防治冲击地压液压支架，其主体结构由拱形顶梁、微弧底座、液压立柱以及防治冲击地压装置 4 部分构成，形成了一个对称的拱形框架结构。其中，顶梁弧度为 $\pi/2$，主要用于支护巷道顶部围岩；微弧底座由限位铰连接为一个整体，在中立柱的支撑下能够有效防止底鼓；3 根液压立柱支撑于顶底梁之间，为支架提供了较大的总工作阻力；防治冲击地压装置在准静态支护时与立柱一同提供初撑力与工作阻力，当突发较大的围岩冲击时，能够快速变形吸能，实现支架整体的一个变形过程，吸收能量可达 800 kJ 以上，保证支架的安全与稳定。

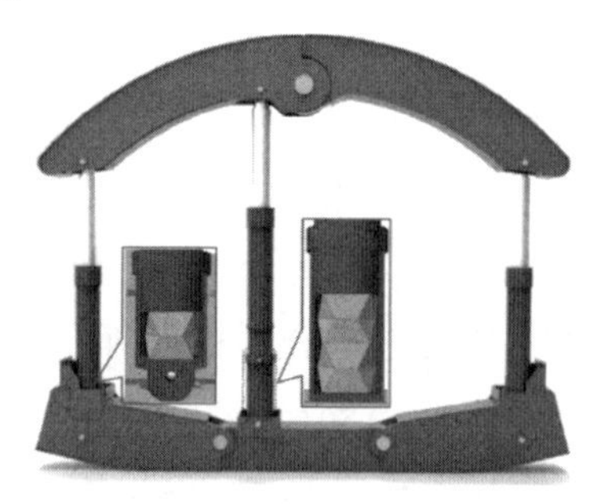

图 5-4　ZHD4150/36/52 型巷道防治冲击地压液压支架

(2) 如图 5-5 所示，研制了不同结构型式与性能特征的巷道防治冲击地压液压支架。其中，单柱单元式支架用于矩形巷道，顶板完整且为坚硬岩层的情况；两柱垛式支架用于矩形巷道断面支护或拱形巷道中间走向支护；三柱拱形支架用于圆形巷道断面支护，适合全煤巷或半煤巷的情况。不同形式支架可以满足不同的巷道形状、围岩性质以及冲击危险性等情况下支护需求，使防治冲击地压支架最大限度地发挥防治冲击地压功能。

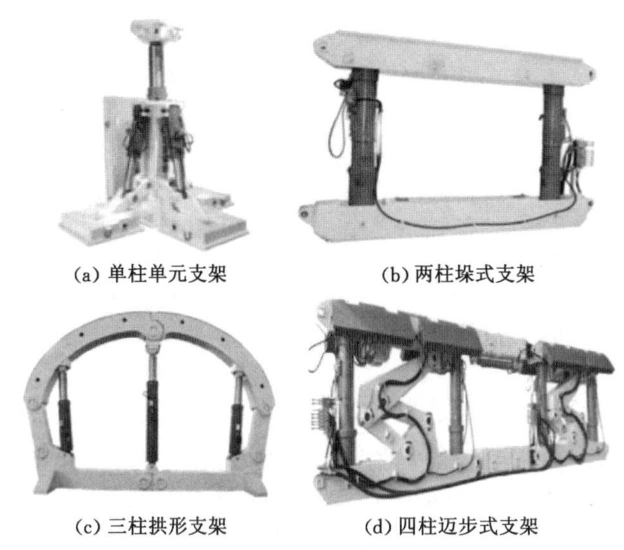

(a) 单柱单元支架　(b) 两柱垛式支架

(c) 三柱拱形支架　(d) 四柱迈步式支架

图 5-5　不同结构形式的巷道防治冲击地压液压支架

第二节　冲击地压防护措施

一、冲击地压危险预警

(一) 冲击地压危险源

1. 冲击危险源分析

冲击地压灾害通常指井下巷道(或工作面)顶部、两帮和底部煤岩在应力(构造应力、开采引起的支承应力等)的作用下，产生突然、剧烈的变形、移动、垮落等。

引发冲击地压事故的原因主要有地质信息不准确、开采顺序不合理、悬顶面积超过规定、未制定针对性的冲击危险区域防治措施或执行冲击地压防治措施不到位等。

冲击地压事故多发生于采煤工作面两顺槽近工作面区域、掘进工作面、空顶的巷道、工作面上部或相邻有残留煤柱区域、巷道交叉点、大断面巷道及硐室、回撤通道等。

冲击地压事故的预兆主要有工作面压力增加，煤壁受压，煤质变松，片帮增多,电钻打眼比平时省力,有淋水的顶板淋水量增加,顶板离层,顶板连续发出断裂声,顶板掉渣量增加,顶板裂隙变大等。

冲击地压发生时,往往出现大量煤岩体抛出,形成空气冲击波,扬起大量煤尘,巷道底板突然鼓起或巷帮整体外移,伴随巨大声响和剧烈震动。冲击地压从发生到结束一般仅几秒时间,现场作业人员难以迅速撤离。

冲击地压的主要危害:抛出或挤出的煤岩体可能砸(挤)伤现场作业人员;剧烈的震动可能将设备、工具、人员弹起,损坏设备、伤害人员;空气冲击波可能破坏局部通防设施,造成局部风流逆转,扬起煤尘;瓦斯异常区域可能出现瓦斯积聚和突出;可能造成冒顶、破坏巷道和采场,引发瓦斯、煤尘、水灾等次生事故。

2. 危险源控制

有冲击地压矿井的煤矿企业必须明确分管冲击地压防治工作的负责人及业务主管部门,配备相关的业务管理人员。冲击地压矿井必须明确分管冲击地压防治工作的负责人,设立专门的防治冲击地压机构,并配备专业防治冲击地压技术人员与施工队伍,防治冲击地压队伍人数必须满足矿井防治冲击地压工作的需要,建立防治冲击地压监测系统,配备防治冲击地压装备,完善安全设施和管理制度,加强现场管理。

矿井防治冲击地压部门按规定编制冲击地压防治长远规划和年度计划并组织实施,对矿井冲击地压危险区域进行超前排查和治理。

(二) 冲击地压危险预警

1. 预警条件

由于冲击地压事故的突发性特点,在发生冲击地压之前,很难发现其征兆。因此,冲击地压的预警主要依靠是在对区域构造、煤层及其顶底板岩石的冲击倾向性、煤岩层埋藏深度、作业地点周边条件等因素综合分析的基础上,进行预测判断。判断的主要依据是:

(1) 分析可能发生冲击地压地点的埋藏条件、煤层和顶底板条件、巷道布置、采煤方法与工艺等,通过经验类比推断发生冲击地压的可能性。

(2) 在应力集中区、支撑压力带煤壁施工钻孔时,根据钻孔的煤粉量推断发生冲击地压的可能性。

(3) 采掘工作面受冲击地压威胁,根据卸压解危措施的效果推断发生冲击地压的可能性。

2. 预警措施

当现场出现以下征兆时,相关人员应立即发出警报,组织人员撤离危险地点，设好警戒，并向矿调度室和本单位值班人员汇报。

(1) 采掘作业现场出现煤炮频繁、压力异常增大、煤体瞬间整体外移、顶底板剧烈震动、顶板猛烈下沉、底板突然鼓起等宏观矿压显现。

(2) 采掘工作面煤岩体破坏性抛出或出现炸帮、弹射现象，顶板断裂声加剧，响声逐渐密集增大，由清脆变沉闷。

(3) 支柱折断、柱帽和顶梁变形加剧。

(4) 当采用钻屑法监测时，根据监测结果确定冲击地压预警级别如下：

① 当监测地点所有钻孔钻进至10 m无冲击危险时，可判定该区域无冲击危险。

② 当监测地点所有钻孔钻进9～10 m有冲击危险时，可判定该区域为弱冲击危险区域，必须严格执行专项防治冲击地压措施。

③ 当监测地点任何一个钻孔钻进7～9 m有冲击危险且该钻孔附近两个控制钻孔施工情况与之相同时，可判定该区域为中等冲击危险区域，必须停止工作，撤出所有受威胁人员，由专业防治冲击地压人员跟班监测，确定冲击危险区域进行解危处理。

④ 当监测地点任何一个钻孔钻进4～7 m有冲击危险且该钻孔附近两个控制钻孔施工情况与之相同时，可判定该区域为强冲击危险区域，必须立即停止工作，撤出所有受威胁人员，在距监测地点150 m处设置警戒，禁止无关人员入内，由专业防治冲击地压人员从低应力区逐步向高应力区进行解危处理。

⑤ 当监测地点任何一个钻孔钻进1～4 m有冲击危险时，可判定该区域为极强冲击危险区域，必须立即停止工作，撤出所有受威胁人员，禁止人员入内，组织专家进行论证，确定进一步采取的措施。

二、冲击地压防范措施

(一) 技术管理

(1) 新建矿井在可行性研究阶段应当根据地质条件、开采方式和周边矿井等情况，参照相关规定对可采煤层及其顶底板岩层冲击倾向性进行评估。当评估有冲击倾向性时，应当进行冲击危险性评价，评价结果作为矿井立项、初步设计和指导建井施工的依据，并在建井期间完成煤层(岩层)冲击倾向性鉴定。

(2) 煤矿企业(煤矿)应当委托能够执行国家标准(GB/T 25217.1—2010、GB/T 25217.2—2010)的机构开展煤层(岩层)冲击倾向性的鉴定工作。开采具有冲击倾向性的煤层，必须进行冲击危险性评价。开采冲击地压煤层必须进行采区、采掘工作面冲击危险性评价。

(3) 冲击地压矿井必须编制中长期防治冲击地压规划和年度防治冲击地压计划。中长期防治冲击地压规划每3～5年编制一次，执行期内有较大变化时，应当在年度计划中补充说明。中长期防治冲击地压规划与年度防治冲击地压计划由煤矿组织编制，经煤矿企业审批后实施。

中长期防治冲击地压规划主要包括防治冲击地压管理机构及队伍组成、规划期内的采掘接续、冲击地压危险区域划分、冲击地压监测与治理措施的指导性方案、冲击地压防治科研重点、安全费用、防治冲击地压原则及实施保障措施等。

年度防治冲击地压计划主要包括上年度冲击地压防治总结及本年度采掘工作面接续、冲击地压危险区域排查、冲击地压监测与治理措施的实施方案、科研项目、安全费用、防治冲击地压安全技术措施、年度培训计划等。

(4) 新建矿井和冲击地压矿井的新水平、新采区、新煤层有冲击地压危险的，必须编制防治冲击地压设计。防治冲击地压设计应当包括开拓方式、保护层的选择、巷道布置、工作面开采顺序、采煤方法、生产能力、支护形式、冲击危险性预测方法、冲击地压监测预警方法、防治冲击地压措施及效果检验方法、安全防护措施等内容。

新建矿井防治冲击地压设计还应当包括：防治冲击地压必须具备的装备、防治冲击地压机构和管理制度、冲击地压防治培训制度和应急预案等。

新水平防治冲击地压设计还应当包括：多水平之间相互影响、多水平开采顺序、水平内煤层群的开采顺序、保护层设计等。

新采区防治冲击地压设计还应当包括：采区内工作面采掘顺序设计、冲击地压危险区域与等级划分、基于防治冲击地压的回采巷道布置、上下山巷道位置、停采线位置等。

(5) 有冲击地压危险的采掘工作面作业规程中必须包括防治冲击地压专项措施。防治冲击地压专项措施应当依据防治冲击地压设计编制，应当包括采掘作业区域冲击危险性评价结论、冲击地压监测方法、防治方法、效果检验方法、安全防护方法以及避灾路线等主要内容。

(6) 生产布局应避开高应力区。煤层群开采应采用下行开采，两翼开采应一翼回采一翼备采，采掘工作面不得布置在上覆煤层孤岛形煤柱、残柱向下传导的应力高度集中的影响范围。在应力集中区内不得布置两个工作面同时进行采掘作业，两个掘进工作面之间的距离小于 150 m 时，采煤工作面与掘进工作面之间的距离小于 350 m 时，两个采煤工作面之间距离小于 500 m 时，必须停止其中一个工作面，确保两个采煤工作面之间、采煤工作面与掘进工作面之间、两个掘进工作面之间留有足够的间距，以避免应力叠加导致冲击地压的发生。相邻矿井、相邻采区之间应当避免开采相互影响。

(7) 开采具有冲击危险的采煤工作面，应采用后退式回采，机械化采煤工艺，全部垮落法顶板管理。顶板不能及时垮落的必须进行强制放顶工作，工作面回采时必须做到有顶必放，有柱必破，保证工作面一定范围内不会形成应力集中区。

(8) 采掘工作面邻近地质构造带、采空区、煤柱附近或者通过其他应力集中区时，必须制定防治冲击地压专项安全措施。

(9) 加强冲击地压防治技术资料的管理。建立监测预警日报、记录、分析台账，履行签字制度。

(10) 防治冲击地压职能部门负责对防治冲击地压区队和采掘区队各项防治冲击地压措施落实情况进行监督、检查。

(二) 安全管理

(1) 评价具有冲击危险的区域，必须由防治冲击地压区队、采掘区队负责，按设计和作业规程规定全面落实各项安全防范措施。

(2) 冲击地压巷道应根据冲击地压危险性进行支护设计，可采用抗冲击的锚杆(锚索)、可缩支架及高强度、抗冲击巷道液压支架等，提高巷道抗冲击能力，严禁采用刚性支护。

(3) 具有冲击危险的采煤工作面应加大上下出口和巷道的超前支护范围与强度，并在作业规程或专项措施中规定。加强支护可采用单体液压支柱、门式支架、垛式支架、自移式支架等，超前支护应优先采用液压支架。安全出口与巷道连接处超前支护范围不得小于 70 m，综采放顶煤工作面或具有中等及以上冲击危险区域的采煤工作面安全出口与巷道连接处超前支护范围不得小于 120 m，煤巷掘进工作面后方具有中等及以上冲击危险的区域应当采用可缩支架加强支护。

(4) 厚煤层沿底托顶煤掘进的巷道选择锚杆或锚索支护时，锚杆直径不得小于 22 mm、屈服强度不低于 500 MPa、长度不小于 2 200 mm，必须采用全长或加长锚固，锚索直径不得小于 20 mm，延展率必须大于 5%，锚杆或锚索支护系统应当采用钢带(槽钢)与编织金属网保护巷道表面,托盘强度与支护系统相匹配,并适当增大支护表面积,不得采用钢筋梯作为护表构件。煤层倾角大于 25°的沿顶掘进巷道,高帮侧须增加锚索支护。煤层埋藏深度超过 800 m 的厚煤层沿底托顶煤掘进的巷道遇顶板破碎、淋水、过断层、过采空区、高应力区时,应当采用锚杆(锚索)和可缩支架(包括可缩性棚式支架、单体液压支柱和顶梁、液压支架等),复合支护形式加强支护,并进行顶板位移监测,防止冲击地压与巷道冒顶复合灾害事故发生。

(5) 冲击地压矿井应当建立生产组织通知单制度。生产组织通知单由煤矿防治冲击地压部门根据各采掘工作面的防治冲击地压要求及冲击危险性监测研判结果编写,明确规定掘进巷道和采煤工作面最大日进尺、班进尺,平均日进尺和班进尺,并报煤矿防治冲击地压负责人和主要负责人审批,严禁超通知单能力组织生产。

(三) 安全教育及培训

(1) 冲击地压矿井应制定防治冲击地压培训制度,定期对井下冲击地压相关作业人员、班组长、技术员、区队长、防治冲击地压专业人员与管理人员进行防治冲击地压教育和培训,保证防治冲击地压相关人员具备必要的岗位防治冲击地压知识和技能,并将防治冲击地压培训计划列入年度培训计划,按计划制订分层次的培训方案。

(2) 冲击地压全员培训内容包括:冲击地压影响因素、产生条件、发生地点,冲击发生时的现象和特征、危害及需要采取的防护措施、避灾路线、应急救援预案等。

(3) 安全生产管理人员和工程技术人员培训内容包括:冲击地压灾害的成因、机理和影响因素,发生规律,监测预警方法和应采取的综合防治措施等。

(4) 防治冲击地压职能部门和防治冲击地压区队培训内容包括:防治冲击地压理论基础知识和专业知识,监测预警具体方法、防范措施、解危措施、治理工程的验收及实际效果检验,其他单位的先进技术和成功经验等。

(5) 岗位技能培训内容包括:各项防范措施、解危措施、监测预警技术实际操作,监测预警的方法、原理、作用、适用范围、实施步骤、操作方法,仪器仪表安装、使用维修技能,参数设定、现场监测、信息传输、数据整理、分析判断等。

三、冲击地压防护措施

（一）个人防护措施

1. 禁、限员管理

进入冲击地压危险区域的人员必须严格执行“人员准入制度”和限员制度。实行挂牌限员管理，采煤和掘进作业规程中应当明确规定人员进入的时间、区域和人数。冲击地压煤层的掘进工作面 200 m 范围内进入人员不得超过 9 人，采煤工作面及两巷超前支护范围内进入人员生产班不得超过 16 人、检修班不得超过 40 人。

2. 个体防护

进入严重（强）冲击地压危险区域的人员必须采取穿戴防治冲击地压服饰等特殊的个体防护措施，对人体胸部、腹部、头部等主要部位加强保护。

采煤工作面和掘进工作面实施解危措施时（含预卸压措施），必须撤出与防治冲击地压措施施工无关的人员。撤离解危地点的最小距离：强冲击危险区域不得小于 300 m，中等冲击危险区域不得小于 200 m，其他区域不得小于 100 m。

（二）物料防护措施

（1）有冲击地压危险的采掘工作面供电、供液等设备应当放置在采动应力集中影响区外，且距离工作面不小于 200 m；评价为强冲击危险的区域不得存放备用材料和设备；冲击危险区域支护锚杆、锚索应当采取防崩措施。

（2）两顺槽的单体液压支柱、π 型梁、铰接顶梁、柱鞋、轨道、枕木、备品配件等易受震移位、威胁人员安全的材料，必须在巷帮分类码放整齐，码放高度不得超过 0.8 m，并用钢丝绳与巷帮锚杆之间牢固固定。各类管路吊挂高度不应高于 1.2 m，电缆吊挂留有垂度。

（3）工作面顺槽范围内设备、设施采取限位管理，采煤工作面设备列车需使用锁轨器固定，列车轨道要使用地锚固定于底板上，确保发生冲击时设备不移动，不伤人。运输巷转载机、电缆及两顺槽超前支架等设备、设施以及通风设备和瓦斯抽采管路也必须采取限位管理。

（4）工作面顺槽范围内可能伤及人员的大件设备、配件、材料等必须固定牢靠，与人行通道保持足够安全距离，确保发生冲击时不弹入人行通道伤及人员。

（5）小件物料必须装箱（如锚盘、螺丝、铁锹、手镐等），箱子必须用钢丝绳捆绑固定。

(6) 大件物料必须用钢丝绳进行捆绑(如锚网、锚杆、工字钢、开关、各种管道、设备配件、大型变压器等)。

(7) 拆卸及无用物料必须及时装车外运,不能及时外运的物料及设备必须用钢丝绳捆绑进行固定。

第六章　冲击地压矿井复合灾害协同治理

我国煤炭资源分布广，赋存条件差异大，煤矿主要以井工开采为主，平均开采深度接近 500 m，受瓦斯、水害、自燃、粉尘、顶板等灾害威胁程度不一。近年来，随着煤矿开采深度的增加，冲击地压危害日趋严重。在这些冲击地压矿井中，冲击地压、瓦斯、水害、自燃等多种灾害共存。面对不同的灾害类型，从设计到施工普遍采取针对性的、单一的灾害防治措施。当前防治多种灾害并存的复合灾害，尚未形成成熟的协同治理理论及工程体系，这将是下一步煤矿开采面临的最大挑战。

第一节　复合灾害协同治理研究现状

目前，冲击地压发生机理的研究基本上是在没有考虑瓦斯作用的基础上取得的，鲜有瓦斯煤层冲击地压发生机理的研究成果。其实，冲击地压和煤与瓦斯突出或瓦斯异常涌出二者之间相互作用、相互影响引起的一些现象，从 20 世纪 20 年代开始就有学者关注。德国北莱茵-维斯特法尔矿区（1926 年）、哈乌斯克矿井（1955 年）以及鲁尔矿区（1981 年）均曾在冲击地压发生前后监测到瓦斯浓度异常升高，国内辽宁北票台吉煤矿、抚顺老虎台煤矿、黑龙江鹤岗煤矿等也曾发生过冲击地压诱发煤与瓦斯突出或瓦斯异常涌出的案例。

国内学者主要从以下三个方面对冲击地压与瓦斯复合型动力灾害进行研究。

一是从冲击地压诱发煤与瓦斯突出或瓦斯异常涌出进行研究。李铁等研究了“三软”煤层冲击地压作用下煤与瓦斯突出问题，指出其力学机制是巷道底板高弹模砂岩层在高应力作用下向上挠曲，造成迎头前方煤体正常瓦斯溢出通道关闭，煤体内部产生的裂隙促使吸附瓦斯解吸为游离瓦斯，是煤与瓦斯突出的外部准备条件；底板冲击地压打通被压实煤体的瓦斯溢出通道，是煤与瓦斯突出的外部激发条件。李铁等进一步研究了深部开采冲击地压与瓦斯的相关性，指出保存较好的原始煤层瓦斯，高瓦斯压力及层裂、断层等储气构造分别为瓦斯异常涌出的物质条件、动力条件和构造条件，具备这三个条件，冲击地压就有可能诱发瓦斯异常涌出。王涛等从煤岩微裂隙状态、温度等多个角度分析了冲击地压发生后导致瓦斯异常涌出的条件和原因，指出煤岩体内裂纹扩展、渗透性增加是高瓦斯矿井冲击地压发生后瓦斯涌出的最直接原因。同时矿体震动、煤岩体温度升高等冲击地压伴生现象对瓦斯解吸和溢出有促进作用。王振等以高瓦斯煤层冲击地压和煤与瓦斯突出灾害并存及相互转化为出发点，从灾害发生条件、能量来源和破坏形式等方面分析了高瓦斯煤层冲击地压和突出的异同，并从瓦斯、应力和煤岩物理力学性质等方面分析了二者诱发转化机制，最后以试验研究和理论分析为基础，提出了二者在孕育发生和发展阶段的诱发转化条件。

二是考虑高压瓦斯对于冲击地压孕育的作用，研究瓦斯或瓦斯压力对冲击地压的影响。崔乃鑫等从考虑瓦斯影响出发，对含瓦斯煤层检测冲击地压的钻屑量指标进行了理论推导，得出单位长度钻屑量危险指标随瓦斯压力增大而增加，随孔隙增加而减小的结论。齐黎明等对高地应力和瓦斯压力耦合作用下的冲击地压触发机制进行了研究，通过构建高地应力和瓦斯压力条件下的冲击煤体受力模型，从理论上推导出冲击能量计算公式，研究表明冲击能量随冲击深度(冲击地压发生的位置距煤壁的距离)呈指数规律增长，煤岩体弹性变形能和瓦斯膨胀能瞬间释放不仅增加了冲击地压发生的能量和动力，而且降低了阻力。祝捷等基于Lippman冲击地压理论，研究瓦斯对冲击地压发生过程的影响，建立了含瓦斯煤层平动突出模型，计算求解得出不同瓦斯压力下煤层扰动区范围、塑性活动区长度以及煤层整体失稳前临界状态应力分布，结果表明，煤层稳定性与瓦斯具有相关性，高压瓦斯对煤层冲击失稳有促进作用。李世愚等通过对煤矿现场矿震事例分析认为高瓦斯煤矿矿震与瓦斯突出密切相关，较大矿震加上瓦斯低值延时响应可能是瓦斯突出的预警信号。同时从矿震定位、震源机制、矿震成因和瓦斯突出条件角度分析了矿震与瓦斯突出相关作用机理，强调了瓦斯流体对矿震的触发作用。王振等采用实验室试验方法，研究了不同瓦斯压力下瓦斯对煤体冲击指标的影响规律，结果表明，瓦斯存在降低了煤体的冲击倾向性。煤体中瓦斯压力存在一个临界值，当瓦斯压力高于此临界值时，煤与瓦斯突出是主要灾害。当瓦斯压力低于该临界值时，冲击地压是主要灾害。李红涛等采用数值模拟方法研究了瓦斯压力对煤体冲击移动的影响，指出在高瓦斯压力条件下，煤体破坏程度更大，冲击地压灾害更为严重。金佩剑对含瓦斯煤层冲击过程进行了研究，分析了含瓦斯煤层冲击演化过程中的瓦斯涌出规律，建立了瓦斯吸附膨胀的煤岩渗透—损伤耦合演化模型，揭示了含瓦斯煤层冲击失稳过程中瓦斯异常涌出的内在机制。李忠华在深入分析瓦斯对煤体力学性质的影响规律、煤体瓦斯含量的变化规律、瓦斯作用下煤体有效应力规律及煤层变形对瓦斯渗流的影响规律的基础上，提出了高瓦斯煤层瓦斯渗流方程，揭示了高瓦斯煤层冲击地压发生机理及其判别准则，探讨了冲击地压发生后瓦斯涌出机理及瓦斯煤层冲击地压与煤和瓦斯突出的区别与联系，建立了高瓦斯煤层冲击地压发生理论及其数学模型，并对煤巷和采煤工作面冲击地压进行了解析分析。梁冰等通过不同围压、不同孔隙瓦斯压力下煤的三轴压缩试验，发现含瓦斯煤的变形、破坏及力学响应，同时受游离和吸附两种状态瓦斯的影响。游离瓦斯通过瓦斯压力作为体积力对煤体产生力学作用，吸附瓦斯通过瓦斯的吸附和解吸对煤的力学性质和本构关系产生非力学作用。

三是对冲击地压和突出发生机理的研究。章梦涛等将冲击地压和瓦斯突出统一归结为煤(岩)变形系统处于非稳定平衡状态下受到扰动发生的动力失稳过程，并采用失稳的能量判据作为二者的统一判据，建立了两种现象统一的失稳理论。金洪伟等通过建立数学模型、动力学理论分析，对突出和冲击地压中出现的层裂现象发生机理进行了研究，结果表明冲击地压层裂现象主要由地应力突然卸载使岩石受拉破坏，而突出层裂不仅受卸载波反射叠加影响，还受到瓦斯影响。

已有的研究成果从煤岩渗透性、力学分析和发生条件等多个角度出发，采用实验室试验、数值模拟和理论分析等手段，初步建立了冲击地压和煤与瓦斯突出的统一失稳理论。这些研究成果在一定程度上丰富了冲击地压和煤与瓦斯突出灾害防治理论，为指导煤矿安全生产提供了理论基础。但是，目前瓦斯煤层的冲击地压研究还处于起步阶段，对复合动力灾害发生机理的认识还远远不够。

杨增夫在揭示了顶板、瓦斯、冲击地压、透水和突水等事故的发生、可控的岩层运动条件，以及应力场应力分布条件的基础上，提出了通过控制采动围岩运动和应力条件达到重大事故预测和控制决策的“可视化决策系统”框架，为推进复合灾害防控研究奠定了基础。

姜福兴等针对鄂尔多斯矿区深部巷道在疏水过程中出现的动力现象，研究了疏水过程中含水层和煤层的应力演化规律，揭示了疏水诱发深部巷道冲击机理，得出富水区疏水后，形成了不均匀的应力分布，在富水区边缘易产生应力集中，该区域是防治冲击地压的重点。他还提出了优化疏水孔设计、应力三向化转移、合理选择巷道位置和加强巷道支护等防治措施。

施龙青等在分析煤层开采顶板突水水源的基础上，揭示了矿山压力、冲击地压同顶板突水之间的关系，探讨了煤层开采过程中顶板突水对促进冲击地压形成的作用机理，提出了砾岩粒间隙中的水流失导致砾岩粒界面附近多层次应力局部集中，造成砾岩产生新的断裂，形成多层次冲击地压，阐明了冲击地压和顶板突水互为影响的因果关系。

景继东等为了解决华丰煤矿顶板突水问题，基于矿山压力控制理论，在分析顶板突水水源的基础上，研究了该矿的顶板突水机理，得出了顶板突水同顶板覆岩运动过程中形成的离层、冲击地压及斑裂线之间的因果关系。

题正义等在研究工作面来压特征与顶板裂隙带高度关系的基础上，提出结合顶板来压特征和覆岩综合柱状图的方法确定覆岩裂隙带高度，对比理论分析与现场探测裂隙带高度的结果，误差较小，符合现场应用精度。

许家林等在研究覆岩关键层对导水裂隙发育高度影响规律的基础上，提出了通过覆岩关键层位置来预计导水裂隙带高度的方法，结果表明覆岩关键层位置会影响导水裂隙发育高度。

盛超等研究了如何在矿井发生冲击灾害的情况下，保证矿井疏排水系统稳定可靠运行，总结出类似矿井排水系统设计的一般原则，为冲击地压矿井疏排水系统的设计和建设提供了新的思路。

程久龙、黄琪嵩建立了顶板垮落冲击动载应力时程关系理论计算模型，探讨了冲击动载作用下的岩体破坏和损伤机制，以及动载应力在底板岩层中的传递规律，定性地分析了顶板垮落冲击动载对深部采场底板突水可能造成的危害。

冲击地压与顶板、瓦斯、透水等灾害的协同治理研究已经起步，但距掌握复合灾害治理机理、达到协同治理效果还有很大差距。

第二节　复合灾害协同治理方案探索

虽然冲击地压与瓦斯、水、火、煤尘、顶板等灾害在协同治理方面还没有成熟经验，但许多冲击地压矿井都在积极探索，个别煤矿已经从顶层设计入手，在水文地质、“一通三防”、机电运输等方面提出了治理方案。针对整个矿井灾害情况，以冲击地压防治为主线，建立多重灾害耦合条件下的协调防治体系，形成了矿井灾害治理顶层设计方案，为矿井灾害的有序、有效治理创造了条件。

一、矿井通风与冲击地压灾害协同防治方案

矿井通风系统是利用通风动力，向矿井内的各个用风地点提供充足的新鲜空气，创造适宜的温度和湿度，保持良好的气候条件，保障井下作业人员的生命安全和工作环境需要。因此，确保矿井通风系统稳定、可靠是矿井安全生产的前提。

冲击地压事故经常导致顶板下沉、漏顶，底板底鼓，井巷急剧收缩或井巷支护失效，巷道坍塌，巷道堵塞，造成通风系统短路，局部瓦斯积聚等。为应对冲击地压可能造成的矿井通风事故，井下消防材料库应配备不同型号的局部通风机、风筒，在工作面顺槽因冲击堵塞无法实现全负压通风时，可使用局部通风机临时通风；提前预判，发现冲击地压征兆，及时撤离现场人员，确认现场安全后，方可进行正常作业；冲击地压发生后，在确保人员安全的情况下，应第一时间恢复通风系统，待各种气体达到安全浓度后，方可恢复作业。

二、矿井瓦斯与冲击地压灾害协同防治方案

（一）区段煤柱设计应综合考虑防治冲击地压与防瓦斯、防火、防水的多重需要

区段煤柱作为工作面之间留设的保护煤柱，其主要作用是隔离采空区。区段煤柱宽度决定着下一个工作面顺槽的位置，煤柱留设不合理容易造成煤柱及巷道侧应力集中，造成顶板下沉、两帮移近、底鼓等巷道变形，甚至发生冲击地压事故。从防治冲击地压方面考虑，一般将避开采动支承压力峰值作用范围作为确定顺槽位置或区段煤柱宽度的主要依据。具体措施包括留设大煤柱或小煤柱，留设大煤柱将不可避免地造成大量煤炭资源损失，一般优先考虑小煤柱护巷，但是小煤柱内裂隙发育，对通风、防火、防瓦斯、防治水不利。因此，区段煤柱的留设，要同时考虑防治

冲击地压、通风、防火、防瓦斯、防治水的需要，尽可能地避免资源的大量浪费。

（二）卸压钻孔、煤层卸压爆破孔与瓦斯抽采孔的协同布置

高瓦斯矿井应结合防治冲击地压卸压方案，将卸压钻孔、煤层卸压爆破孔与瓦斯抽采孔协同布置。

1．煤层卸压钻孔和瓦斯抽采钻孔的协同布置

煤层卸压钻孔深度小，主要是为了弱化巷道近场煤体的强度。瓦斯抽采钻孔孔深较大，主要是为了抽采巷道远场煤体内的瓦斯，封孔长度较长。不宜将瓦斯抽采钻孔兼做卸压钻孔，难以达到卸压防治冲击地压目的。在布置煤层卸压钻孔和瓦斯抽采钻孔时，需要考虑其相互影响，避免两孔裂隙导通，影响瓦斯抽采效果。一般应对卸压钻孔进行封孔处理，封孔长度2～3 m。煤层卸压钻孔与瓦斯抽采钻孔在水平和垂直方向应保持一定的错距，一般煤层卸压钻孔在上，瓦斯抽采钻孔在下，具体参数需要结合现场实际条件进行设计。

2．煤层卸压爆破钻孔与瓦斯抽采钻孔的协同布置

煤层爆破能够释放一部分应力，使高应力区转移到煤体深部，并在巷道近场一定范围形成卸压保护带，降低冲击地压发生的危险程度，是一种快速、有效的卸压防治冲击地压手段。煤层硬度较大时，煤层爆破比大直径钻孔卸压的防治冲击地压效果更好。但若煤层瓦斯含量高、瓦斯抽采钻孔密度大、孔内瓦斯浓度高时，在瓦斯抽采钻孔附近进行爆破时，存在爆破诱发瓦斯事故的隐患，在布置爆破钻孔时应协同考虑冲击地压和防治瓦斯的要求。一是应合理设置钻孔参数，通过调整开孔位置和钻孔方位，使爆破段与瓦斯抽采钻孔具有一定的安全距离；二是选择安全等级较高的火工品，降低爆破诱发瓦斯风险。

（三）合理确定煤柱内爆破孔参数

在煤柱内采用煤层卸压爆破防治冲击地压时，应综合考虑防治瓦斯的要求，根据煤柱宽度、塑性区范围确定合理的爆破孔参数，尤其是钻孔深度和爆破药量，避免煤层爆破诱发采空区和老巷瓦斯事故。

（四）合理设计巷道爆破断顶方案

爆破断顶能有效破坏坚硬顶板的完整性，减小悬顶长度和来压强度，降低坚硬顶板诱发冲击隐患，但断顶爆破时应考虑瓦斯因素。在临空巷道进行侧向切顶爆破时，应考虑区段煤柱宽度和采空区垮落线的位置，避免爆破孔和采空区裂隙导通，造成爆破诱发瓦斯事故。当断顶爆破孔附

近存在瓦斯高抽巷时，应避免爆破孔穿过或影响高抽巷。

（五）宽巷布置

冲击地压矿井工作面推进速度相对较慢，回采巷道整体变形量大，维护时间较长。大断面巷道有较大的允许变形空间，在大变形条件下也能满足通风、行人、运输的要求，有利于减少巷道维修量，降低甚至杜绝因巷道维修导致的冲击地压事故。大断面巷道在冲击地压发生时，发生巷道堵塞、闭合的可能性也小，人员伤亡的概率相对较低，因此大断面布置有利于防治冲击地压。同时从治理瓦斯角度来看，大断面巷道也有利于稀释瓦斯，对防治瓦斯有利。综上所述，从协同治理冲击地压和瓦斯角度考虑，应提倡大断面巷道布置方式。

（六）对瓦斯瞬时超限的治理

针对冲击导致的采煤工作面瓦斯瞬时超限，应对工作面、上隅角、回风流等地点瓦斯进行巡回检查，同时定期标校瓦斯传感器，确保传感器数据准确、可靠，同时应加强工作面电气设备检查维护，严禁设备失爆等。

三、矿井火灾与冲击地压灾害协同防治方案

（一）合理确定工作面推进速度

工作面推进速度越快，顶板活动越剧烈，能量释放的频率和强度越高，不利于防治冲击地压。但若推进速度过慢，采空区遗煤可能会自然发火。因此，对于同时存在冲击地压和自然发火的煤层，应合理确定工作面的最佳推进速度，既不高于防治冲击地压要求的最高推进速度，又不低于防自燃要求的最低推进速度，实现冲击地压与煤层自然发火的协同治理。

（二）巷道超前顶板预裂

坚硬厚层顶板是发生冲击地压最典型的特征之一，其厚度大、强度高，开采过程中悬顶面积大，易造成局部应力集中，若厚硬顶板突然断裂，常常会瞬间释放强烈动载，极易造成群死群伤的恶性冲击地压事故，危害性极大。采用爆破或水力压裂等措施提前对顶板进行预裂，可显著降低工作面后方和侧向采空区顶板悬顶的影响，有效避免冲击地压事故的发生。同时，通过顶板预卸压，也有利于端头顶板的及时垮落，起到有效隔离采空区的目的。因此，从冲击地压与煤层自然发火协同治理角度考虑，应加强对中低位坚硬厚层顶板的弱化处理。

（三）合理确定区段煤柱大直径卸压孔参数

区段煤柱较宽时，易形成煤柱高应力集中，这是临空巷道冲击地压发生的重要影响因素之一。从防治冲击地压角度考虑需要对煤柱进行预卸压，以降低煤柱冲击发生概率和强度。目前普遍采用煤层大直径钻孔，该方法是降低煤柱应力的有效手段。但若钻孔参数不合理可能会造成煤柱漏风，尤其是当孔深较大时，可能会加剧侧向采空区发火风险。因此在实施区段煤柱钻孔卸压时，应兼顾冲击地压和煤层自然发火的要求，优化钻孔设计参数。

（四）提高大直径卸压钻孔封孔长度及封孔质量

煤层大直径钻孔卸压是防治冲击地压最常规的手段之一，通过钻孔塌孔释放煤体静载，降低巷道近场煤体的储能能力，但是，钻孔内破碎煤体长时间氧化可能会引起煤层自燃隐患。因此，对于煤层自然发火期较短的冲击地压煤层，在采用煤层大直径钻孔卸压时，应确保封孔长度和质量达到设计要求。

（五）优化巷道喷浆工艺

自然发火期较短煤层的采（盘）区准备巷道，采用锚喷支护是防止煤层自然发火的主要措施。喷浆厚度过大，自身稳定性降低。若冲击地压巷道动压显现频繁剧烈，在长时间动载作用下，脆性喷浆块容易失稳坠落，不利于防止煤层自燃。因此，在锚喷支护时，应结合冲击地压巷道特点，优化巷道喷浆工艺，采用柔性喷浆材料，减小喷浆厚度或采取其他防护措施。

（六）提高采空区遗煤回收率

防治冲击地压要求采煤工作面匀速推采，以降低煤层扰动。防止采空区遗煤氧化自燃，要求加快推采速度，减少遗煤氧化时间。综合防治冲击地压和防止采空区遗煤自燃措施，减少采空区遗煤量，即使在较低的推采速度条件下，采空区煤体氧化也在可控范围。

四、煤尘与冲击地压灾害协同防治方案

煤尘爆炸是发生冲击地压后诱发的次生灾害之一，定期清理巷道内沉积的煤尘，有利于防止发生冲击地压导致的次生煤尘事故。

煤层注水能够降低煤体强度和蓄能条件，减少冲击地压的危害。通过煤层注水，湿润煤体内原生煤尘，使其失去飞扬能力，减少采煤时产生浮游粉尘的能力可以达到煤尘和冲击地压的协同防治。

五、矿井水害与冲击地压灾害协同防治方案

（一）合理确定工作面长度

在工作面产能一定的条件下，加大工作面长度，可以降低工作面推进速度，低速推进有利于能量的缓慢释放，对防治冲击地压有利。同时，长工作

面利于缓解采掘接续，减小采准巷道数量。因此，从防治冲击地压角度考虑，应加大工作面长度，但是工作面长度越大，波及上覆岩层范围越大，工作面涌水量会相应增大，给排水系统造成压力。所以在设计工作面长度时，应综合考虑冲击地压和防治水的影响，达到冲击地压和水害的协同治理。

（二）合理确定泄水巷的位置

1. 底板岩石集中泄水巷

在煤层底板岩层中施工采区集中泄水巷，取消各工作面的专用泄水巷，可以消除煤层专用泄水巷对周边采掘巷道冲击地压的影响。

2. 泄水巷布置在邻近采空区保护范围

煤层厚度大，采用分层综放开采工艺时，设计工作面专用泄水巷时，可以将泄水巷布置在上一个工作面采空区下方的底煤(底板)中。由于采空区下方处于卸压区，这种布置方式既能极大减轻泄水巷维护和防治冲击地压压力，也能降低泄水巷对周围采掘巷道冲击地压的影响。

（三）防治冲击地压卸压工程兼顾防治水需要

(1) 对于矿井顶板涌水量比较大的区域，施工顶板预裂爆破或水力压裂等防治冲击地压措施时，钻孔终孔位置应结合采空区积水调查结果，保证施工区域排水能力大于涌水量。

(2) 在区段煤柱内实施卸压措施时，卸压孔终孔位置与相邻采空区应留设足够的安全距离，防止卸压后采空区积水涌出。煤柱前期施工过疏水孔时，煤柱受采动影响，疏水孔之间可能产生裂隙，也可能导通，实施帮部卸压措施，容易导通侧向采空区积水。应结合前期探水资料或采用小钻机钻探方式查清前期疏水区范围和位置，防治冲击地压的卸压工作应跳过该区域。

（四）顶板大面积疏水区下开采应动态调整推采速度

富水区大面积疏水会造成疏水区边界局部高应力集中，应加强疏水区范围和位置的精准调查，工作面推进至疏水区影响区域时，动态调整工作面推采速度，降低冲击地压风险。

（五）合理设计水仓位置

1. 合理布置回采巷道水仓

在回采巷道布置水仓时，除考虑排水要求外，还应重点考虑水仓对冲击地压的影响。大量的案例表明，在采煤工作面巷道掘进水仓或其他硐室时，工作面超前支承压力和硐室应力相互叠加，导致冲击危险性增加。因此，水仓应尽量布置在弱冲击危险或无冲击危险区域，当不得不布置在中等和强冲击危险区域时，应加强监测、卸压、支护与管理，当工作面推进到该区域时，适当降低工作面推进速度，避免发生冲击地压事故。

2. 合理布置采(盘)区水泵房、水仓等排水系统

采(盘)区排水系统为整个采(盘)区乃至矿井服务，服务年限较长。在使用期间，受采掘扰动、地质构造、巷道扩修、巷道群及煤柱应力集中等因素影响，支护承载能力降低，具有潜在的冲击地压风险。在设计采(盘)区排水系统巷道时，应根据矿井和煤层冲击危险性评价结果，选择合理布置层位，尽量将排水巷道布置在岩层中。对已布置在煤层中的排水系统巷道应加强监测，加强防治冲击地压综合措施，确认冲击危险监测指标小于临界值后方可继续使用。

六、顶板与冲击地压灾害协同防治方案

(一) 重视卸压和支护协同作用

在防治巷道局部冲击地压时，支护和卸压是两项基本措施。单独强调卸压作用，有可能破坏巷道支护质量(尤其是主动支护区)，导致巷道整体稳定性降低，巷道变形加大。当发生高能震动或冲击地压时，容易诱发大面积冒顶，造成顶板事故。若单独强调加大巷道支护强度，不仅增加支护成本，而且会对巷道围岩能量的正常释放起到一定的抑制作用。强支护虽能够抵抗较大的冲击动载，但在卸压不充分的条件下，冲击强度更大，甚至具有毁灭性。

从防治冲击地压和顶板灾害来看，一方面要从卸压和支护两个角度协同治理，通过合理设计卸压参数及工艺，有效降低巷道围岩能量释放速率和强度，尽可能减小对巷道支护的破坏。另一方面，合理设计支护方式和参数，提高巷道表面围岩自身强度和抗冲击能力，降低冲击地压对井巷工程、设备及人员的威胁，同时避免强支护对围岩能量正常释放的抑制作用，以及被动支护对冲击巷道安全空间的影响。

(二) 合理设计断顶方案

在采用爆破断顶等顶板预裂措施防治冲击地压时，应综合考虑巷道防治冲击地压和工作面顶板管理的需要，实现冲击地压和工作面常规矿压的协同治理。如在超前工作面的两巷布置扇形超深爆破断顶孔，可以降低工作面后方顶板悬顶面积，有利于降低巷道冲击和顶板来压强度。断顶步距可根据工作面顶板来压规律确定，一般为来压步距的0.5～1.0倍。

采煤工作面初采时，应在开切眼后方进行切顶处理。工作面推采过程中，使顶板及时垮落，减小初次来压步距及强度，均有利于冲击地压和

工作面常规矿压的协同治理。

（三）优化卸压工艺、提高卸压措施的施工质量

在实施防治冲击地压治理工程时，应优先采用对巷道支护及围岩的破坏较小的卸压工艺，如采用水力切割或煤层水力扩孔掏槽对煤体进行卸压，可大幅度减小卸压孔密度，减少对巷道表面的破坏，提高卸压效果。既降低了巷道冲击地压发生风险，也降低了巷道变形、片帮、冒顶等常规顶板隐患。在施工煤层大直径卸压孔时，应对锚杆支护范围进行封孔，降低钻孔浅部塌孔对支护体的破坏。采用煤层爆破和顶板爆破防治冲击地压时，应严格把握封孔质量，避免冲孔造成巷道受损。

（四）加强工作面支护管理

加强工作面支护管理，保证支架支护质量及支护强度，可降低工作面片帮、冒顶等顶板事故风险。同时，提高支架支护强度，使支架承担较大的顶板压力，能降低煤壁前方煤体应力集中程度，对巷道冲击地压防治有利。具体管理工作为：合理支架选型、加大支架初撑力和支护强度、及时带压移架等。

七、冲击地压与其他灾害的协同防治体系

结合上述分析，应建立矿井冲击地压与其他灾害的协同防治体系，如图 6-1 所示。

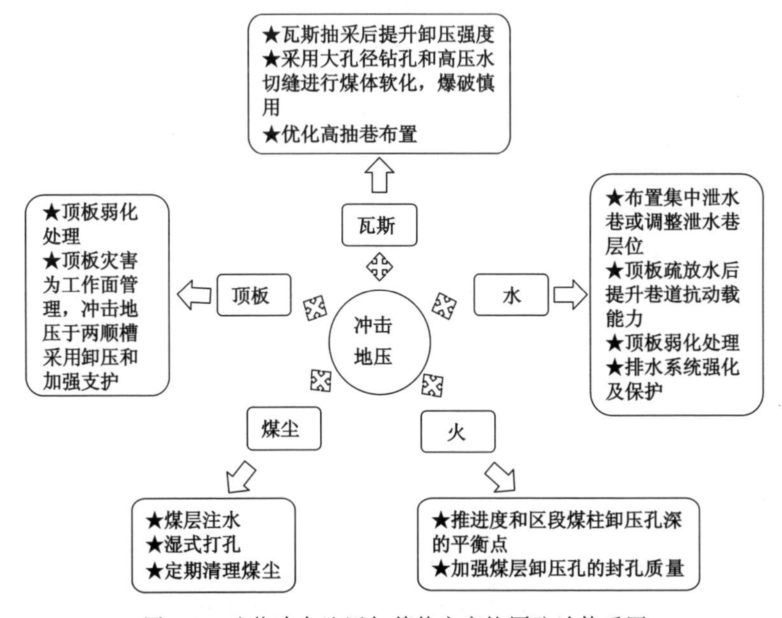

图 6-1 矿井冲击地压与其他灾害协同防治体系图

第三节　复合灾害协同治理工程实践

以陕西彬长矿区亭南煤矿为例。

二采区 207 工作面开采侏罗系中统延安组 4 号煤，煤层底板标高＋398～＋460 m，地面标高＋849～＋1 124 m，埋藏深度 432～729 m。煤层厚度 0.8～20.46 m，平均 15.03 m，倾角 2°～ 4°，平均 3°。矿井瓦斯相对涌出量 10.62 m^3/t，绝对涌出量 85.64 m^3/min，属高瓦斯矿井。煤层最短自然发火期 35 d，自然发火倾向性为Ⅰ类。矿井水文地质类型属“复杂型”，工作面回采波及的主要含水层为上覆白垩系洛河组砂岩孔隙-裂隙含水层，白垩系宜君组砾岩孔隙-裂隙含水层，正常涌水量 183.3 m^3/h，最大涌水量 289.3 m^3/h。冲击倾向性鉴定，4 号煤动态破坏时间 213 ms，弹性能量指数 8.35，冲击能量指数 2.67，单轴抗压强度 25.616 MPa，具有强冲击倾向性，顶板具有强冲击倾向性，底板具有弱冲击倾向性，经评价煤层具有强冲击危险性。

一、高瓦斯煤层的冲击危险性辨识

欧阳振华等认为，煤的冲击倾向性随着其内部瓦斯压力的增加而减弱，提出一种瓦斯煤层冲击危险性改进型综合指数法。将煤层“瓦斯”属性作为一类地质因素，考虑其对冲击危险性的影响。由于煤的冲击倾向性随着瓦斯压力的增大而减弱，按照突出煤层、高瓦斯煤层和低瓦斯煤层分类，评价煤层冲击危险性时，参考分值分别取－3、－2 和 0，将其作用为第 8 个因素代入综合指数法的地质条件影响因素中计算，得出地质条件危险指数。同时，将“瓦斯抽采效果”作为一类开采技术条件，考虑其对冲击危险性的影响。抽采效果越好，煤层中的瓦斯越少，冲击危险性随之增加。因而，将瓦斯抽采效果分为差、一般、良和优 4 个等级，参考分值分别取 0、1、2 和 3。将其作为第 12 个因素代入开采技术条件因素中计算，得出开采技术条件危险指数。

通过修正，二采区 207 工作面的地质因素指数为 0.619，开采技术因素指数为 0.528，判定 207 工作面具有中等冲击危险，并以此重新划分了不同的冲击危险区域。

二、水害辨识

207 工作面的水害主要受 4 号煤上覆顶板白垩系洛河组砂岩孔隙-裂隙含水层和宜君组砾岩孔隙-裂隙含水层中的承压含水层水害威胁，水害辨识主要是判定开采后是否导通强含水层。

(一) 导水裂隙带高度预测

预测垮落带和断裂带发育高度根据下式计算：

$$h_1 = \frac{M}{(k-1)\cos\alpha} \tag{6-1}$$

$$h_2 = (1 \sim 3)h_1 \tag{6-2}$$

式中　M——煤层开采厚度，m；

k——岩石松散系数；

α——煤层倾角，(°)；

h_1——垮落带发育高度，m；

h_2——断裂带发育高度，m。

计算得到覆岩垮落带发育高度为 45.1 m，断裂带发育高度为 45.1～135.3 m，导水裂隙带(即垮落带与断裂带高度之和)为 90.2～180.4 m。

高强度开采条件下，覆岩破坏更为严重，导水裂隙带可能发育异常。参考潞安、兖州、淮南、铜川等矿区资料，在分层综采、综采放顶煤等高强度开采条件下，导水裂隙带发育高度可按下式计算。

坚硬岩层：

$$H = 30\frac{M}{\sqrt{n}} + 10 \tag{6-3}$$

中硬岩层：

$$H = 20\frac{M}{\sqrt{n}} + 10 \tag{6-4}$$

软弱岩层：

$$H = 10\frac{M}{\sqrt{n}} + 10 \tag{6-5}$$

该工作面煤层直接顶为砂质泥岩，基本顶为粗粒～细粒砂岩，介于软弱～中硬岩层之间，计算得到的导水裂隙带发育高度为 100～190 m。

通过以上两种计算结果，均表明开采有可能导通顶板含水层中的水体，形成水害。

(二) 覆岩破坏高度实测

为探测覆岩破坏高度，在回采结束的 204 工作面布置两个钻孔 D1 和 D2，钻孔电视和冲洗液漏失量观测表明，在工作面开采后，洛河组砂岩层发生了一定程度的弯曲和破坏。随着开采面积的增大，弯曲和破坏还有可能进一步增大。

三、瓦斯灾害辨识

207工作面位于矿井瓦斯富集区域，煤层原始瓦斯含量为5.72～6.64 m^3/t，煤层可解吸瓦斯量为3.88～4.42 m^3/t。经过前期两巷瓦斯预抽，测得煤层瓦斯含量为4.23～4.43 m^3/t，煤层可解吸瓦斯量为3.00～3.01 m^3/t，残存量为1.23～1.42 m^3/t。预计工作面回采时，平均相对瓦斯涌出量为3.84 m^3/t，绝对瓦斯涌出量为31.68 m^3/min。

四、耦合灾害辨识

通过对冲击地压、水害、瓦斯灾害的综合分析得出，从工作面走向方向看，207工作面一次见方、二次见方区域是冲击地压、顶板水害叠加区域。上述位置由于顶板处于活跃位置，容易发生冲击地压及水量突然增大危险。向斜轴区域是冲击地压、顶板水、采空区积水、瓦斯叠加影响重点区域，该区域受地质构造影响，原始应力高，瓦斯涌出量大，同时容易发生冲击地压，可能导致密闭墙开裂，采空区积水外泄。回风巷各联络巷是冲击地压、采空区积水、瓦斯、火叠加影响重点区域，联络巷阻断应力直线传播的途径，受应力集中和悬露面积大两个因素影响，容易发生冲击地压，发生冲击地压可能导致密闭墙开裂，造成采空区瓦斯涌出、积水涌出，空气也可能通过裂隙进入采空区，导致采空区自然发火。

从工作面倾向方向看，207工作面回风巷侧是冲击地压、水、瓦斯叠加影响的重点区域。回风巷受相邻采空区侧压力、工作面超前应力等影响，容易发生冲击地压。回风巷隅角布置有瓦斯抽采管路、高抽巷瓦斯抽采管路和本煤层瓦斯抽采管路，受冲击时瓦斯管路断裂可能导致瓦斯浓度升高。回风巷与相邻采空区之间密闭墙较多，受冲击影响可能开裂，导致采空区瓦斯外泄。回风流中瓦斯含量高，巷道受冲击时断面缩小，瓦斯含量突然升高超限、报警。布置在回风巷内的排水管路，受冲击时排水管路断裂可能导致排水不畅，巷道、工作面被淹。回风巷与相邻采空区之间密闭墙较多，受冲击影响可能开裂，导致采空区积水大量外泄。

总之，多灾害叠加耦合影响区域主要是207工作面回风巷(沿空巷)，特别是一次见方、二次见方、向斜轴以及各联络巷位置。

五、多灾害监测预警与立体防控

根据辨识结果，在重点区域实施重点监测手段，采取了针对性防控措施，实现了工作面安全回采。

第四节　冲击地压与其他灾害协同治理展望

一、冲击地压与其他灾害协同治理顶层设计

对于埋藏深度大、煤层厚度变化大、地质构造复杂和冲击危险性较高的矿井，采掘过程中，冲击地压给矿井安全生产带来了极大威胁。同时，这些矿井又受瓦斯、水害、自然发火、顶板等多种灾害的叠加影响，治理难度加大。为取得防治冲击地压的最佳效果，防治冲击地压应综合考虑复合灾害治理的异同，将减小或避免煤体应力集中的思想贯穿于矿井设计、开拓准备、掘进和回采的全过程，也就是要从顶层进行规划设计。以防治冲击地压为主线，建立多重灾害耦合条件下的协调防治体系，形成适合每个矿井灾害治理顶层设计方案，指导整个矿井灾害治理工作的有序、有效开展。

二、展望

目前对于煤与瓦斯突出、冲击地压复合动力灾害机理研究较多，对突水和冲击地压之间的关系鲜有报道。但随着多相多场耦合作用下煤岩动力破坏的损伤本构、能量演化与耦合致灾机制研究的不断深入，相应的应力场、物理场等监测方法的不断完善，动力灾害安全评价与监测预警的可靠性与准确性不断提高，复合灾害协同治理还需要对以下基本科学问题进行研究：

(1) 采动作用与多灾源复杂应力路径下，复合动力灾害发生的力学过程研究。采动煤岩体的破裂与运动过程中，施加在煤岩体上的应力类型以及应力作用路径是较为复杂的，伴随着围岩压力的卸载、静载应力压缩、局部拉伸、动载应力冲击等，此过程中能量分配与释放路径不同，造成了煤岩体的不同破坏方式。目前实验室或现场难以再现复合灾害的发生力学过程。

(2) 煤岩体动力破坏过程中产生的物理场变化特征。虽然已经知道煤岩破坏过程中会存在多种物理场响应，但是不同应力路径、应力背景、煤岩属性条件下煤岩体的动力破坏过程、多元物理场响应差异等，目前尚缺乏系统的探测、辨识与数理量化分析。

(3) 构建大尺度区域多参量时空监测预警体系。建立动力灾害危险的多参量归一化无量纲监测预警模型与准则，并基于实验室试验和现场工程应用情况，构建适用于复合型灾害的监测预警指标体系，并研发相应

的监测技术与装备。

(4) 建立多灾源动力灾害的综合控制解危技术体系。有效融合单源动力灾害(煤与瓦斯突出、冲击地压、突水等)的防控技术,使其共同作用、相互补充实现多源动力灾害综合防治。

参考文献

[1] 崔乃鑫,李忠华,潘一山.考虑瓦斯影响的煤层冲击地压钻屑量指标研究[J].辽宁工程技术大学学报(自然科学版),2006,25(2):192-193.

[2] 窦林名,何江,曹安业,等.煤矿冲击矿压动静载叠加原理及其防治[J].煤炭学报,2015,40(7):1469-1476.

[3] 窦林名,何学秋.冲击矿压防治理论与技术[M].徐州:中国矿业大学出版社,2001.

[4] 窦林名,陆菜平,牟宗龙,等.冲击矿压的强度弱化减冲理论及其应用[J].煤炭学报,2005,30(6):690-694.

[5] 窦林名,牟宗龙,陆菜平,等.采矿地球物理理论与技术[M].北京:科学出版社,2014.

[6] 窦林名,赵从国,杨思光.煤矿开采冲击矿压灾害防治[M].徐州:中国矿业大学出版社,2006.

[7] 何学秋,窦林名,牟宗龙,等.煤岩冲击动力灾害连续监测预警理论与技术[J].煤炭学报,2014,39(8):1485-1491.

[8] 黄琪嵩,程久龙,丁厚成,等.大范围顶板岩体垮落冲击动载对采场底板破坏的影响研究[J].采矿与安全工程学报,2019,36(6):1228-1233,1239.

[9] 姜福兴,曲效成,于正兴,等.冲击地压实时监测预警技术及发展趋势[J].煤炭科学技术,2011,39(2):59-64.

[10] 姜耀东,潘一山,姜福兴,等.我国煤炭开采中的冲击地压机理和防治[J].煤炭学报,2014,39(2):205-213.

[11] 金洪伟,胡千庭,刘延保,等.突出和冲击地压中层裂现象的机理研究[J].采矿与安全工程学报,2012,29(5):694-699.

[12] 金佩剑.含瓦斯煤岩冲击破坏前兆及多信息融合预警研究[D].徐

州:中国矿业大学,2013.
[13] 景继东,施龙青,李子林,等.华丰煤矿顶板突水机理研究[J].中国矿业大学学报,2006,35(5):642-647.
[14] 李红涛,齐黎明,陈学习,等.瓦斯压力对煤体冲击移动机理的影响[J].煤矿安全,2013,44(9):1-4.
[15] 李世愚,和雪松,潘科,等.矿山地震、瓦斯突出及其相关性[J].煤炭学报,2006,31(增刊):11-19.
[16] 李铁,蔡美峰,王金安,等.深部开采冲击地压与瓦斯的相关性探讨[J].煤炭学报,2005,30(5):562-567.
[17] 李玉生.冲击地压机理及其初步应用[J].中国矿业大学学报,1985,14(3):37-43.
[18] 李玉生.冲击地压机理探讨[J].煤炭学报,1984,8(3):1-10.
[19] 梁冰,章梦涛,潘一山,等.瓦斯对煤的力学性质及力学响应影响的试验研究[J].岩土工程学报,1995,17(5):12-18.
[20] 刘虎.煤矿冲击地压灾害防治专题培训教材[M].徐州:中国矿业大学出版社,2016.
[21] 刘金海,翟明华,郭信山,等.震动场、应力场联合监测冲击地压的理论与应用[J].煤炭学报,2014,39(2):353-363.
[22] 刘少虹,潘俊锋,王洪涛,等.基于地震波和电磁波 CT 联合探测的采掘巷道冲击危险性评价方法[J].煤炭学报,2018,43(11):2980-2991.
[23] 欧阳振华,张广辉,秦洪岩,等.瓦斯煤层冲击危险性改进型综合指数评价方法及应用[J].煤炭科学技术,2018,46(10):30-36.
[24] 潘俊锋,毛德兵,等.冲击地压启动理论与成套技术[M].徐州:中国矿业大学出版社,2016.
[25] 潘俊锋,宁宇,毛德兵,等.煤矿开采冲击地压启动理论[J].岩石力学与工程学报,2012,31(3):586-596.
[26] 潘一山.煤矿冲击地压扰动响应失稳理论及应用[J].煤炭学报,2018,43(8):2091-2098.
[27] 潘一山,耿琳,李忠华.煤层冲击倾向性与危险性评价指标研究[J].煤炭学报,2010,35(12):1975-1978.
[28] 齐黎明,陈学习,程根银,等.高地应力和瓦斯压力耦合作用下的冲击地压触发机制研究[J].华北科技学院学报,2014,11(2):18-21.

[29] 齐庆新.层状煤岩体结构破坏的冲击地压理论与实践研究[D].北京:煤炭科学研究总院,1996.

[30] 齐庆新,窦林名.冲击地压理论与技术[M].徐州:中国矿业大学出版社,2008.

[31] 齐庆新,李晓璐,赵善坤.煤矿冲击地压应力控制理论与实践[J].煤炭科学技术,2013,41(6):1-5.

[32] 齐庆新,欧阳振华,赵善坤,等.我国冲击地压矿井类型及防治方法研究[J].煤炭科学技术,2014,42(10):1-5.

[33] 齐庆新,彭永伟,李宏艳,等.煤岩冲击倾向性研究[J].岩石力学与工程学报,2011,30(增刊):2736-2742.

[34] 盛超,张鸥,许德新.冲击地压条件下矿井疏排水系统设计[J].煤矿安全,2018,49(9):171-174.

[35] 施龙青,翟培合,魏久传,等.顶板突水对冲击地压的影响[J].煤炭学报,2009,34(1):44-49.

[36] 舒凑先,姜福兴,魏全德,等.疏水诱发深井巷道冲击地压机理及其防治[J].采矿与安全工程学报,2018,35(4):780-786.

[37] 王涛,王曌华,刘文博,等."三软"冲击地压后瓦斯异常涌出条件及致灾原因分析[J].煤炭学报,2014,39(2):371-376.

[38] 王振,胡千庭,尹光志.瓦斯压力对煤体冲击指标影响的实验研究[J].中国矿业大学学报,2010,39(4):516-519.

[39] 王振,尹光志,胡千庭,等.高瓦斯煤层冲击地压与突出的诱发转化条件研究[J].采矿与安全工程学报,2010,27(4):572-575,580.

[40] 谢和平, PARISEAU W G.岩爆的分形特征和机理[J].岩石力学与工程学报,1993,12(1):28-37.

[41] 许家林,朱卫兵,王晓振.基于关键层位置的导水裂隙带高度预计方法[J].煤炭学报,2012,37(5):762-769.

[42] 杨增夫.煤矿重大事故预测和控制的岩层动力信息基础的研究[D].泰安:山东科技大学,2003.

[43] 俞茂宏.线性和非线性的统一强度理论[J].岩石力学与工程学报,2007,26(4):662-669.

[44] 张玉军,欧阳振华,唐忠义,等.富含水层下高瓦斯冲击地压煤层灾害立体防控关键技术及实践[M].北京:应急管理出版社,2020.

[45] 章梦涛.冲击地压失稳理论与数值模拟计算[J].岩石力学与工程学

报,1987,6(3):197-204.
[46] 章梦涛,徐曾和,潘一山,等.冲击地压和突出的统一失稳理论[J].煤炭学报,1991,16(4):48-53.
[47] 祝捷,王宏伟.考虑瓦斯作用的煤层平动突出模型[J].煤炭学报,2010,35(12):2068-2072.

后　记

2013年初，陕西省彬长矿区胡家河煤矿402盘区掘进工作面首次出现动力现象，企业和管理部门称其为“强矿压”。之后，其他煤矿也相继发生了类似动力现象，引起了有关方面的高度重视。

2015年5月，原陕西省煤炭生产安全监督管理局印发《关于开展冲击矿压防治知识培训的通知》，邀请国内著名教授、学者及管理人员，组织冲击地压知识培训，并派相关人员赴省外考察学习。通过培训学习，原陕西省煤炭生产安全监督管理局将“强矿压”确定为冲击地压，并作为全省煤矿的一种新型灾害，开启了陕西省煤矿防治冲击地压的历程。

2016年9月，结合陕西省实际，配合《煤矿安全规程》(2016版)的实施，陕西省安全生产委员会发布了《陕西省煤矿防治冲击地压十条规定》，完善了煤矿防治冲击地压责任、冲击地压危险性评价、防治冲击地压设计、防治冲击地压机构与人员配备、防治冲击地压装备、防治冲击地压费用等条款。

当时，我作为原陕西省煤炭生产安全监督管理局主要负责该项工作的人员，手里掌握冲击地压方面的资料很少。为了查找系统性防治冲击地压方面的书籍，有幸认识了师从窦林名教授的西安科技大学朱广安博士。我谈了陕西省防治冲击地压遇到的问题，我们随即萌发了编写冲击地压普及性读物的想法。朱广安博士负责冲击地压理论与前沿技术方面的编撰，我则从煤矿防治冲击地压实际和管理要求方面进行编撰。一年多来，我们以系统性为主线，反复斟酌书稿的逻辑架构和章节内容，并反复修改，又承内蒙古汇能煤电集团有限公司胡明东审校，方成此书，希望能为普及系统性防治冲击地压知识提供帮助。

简军峰

2021年3月